中等职业教育
计算机专业系列教材

网络工程施工

主　编	刘先荣		
副主编	吴仁桂	江　宇	
编　者	李开强	黄培君	邱方家
	唐智慧	杨治成	蔡晓霞
	蒋富林	彭长英	文　利
	韩仕梅	刘先志	郑　梅
	熊　渝	吴园洪	蔡金华

U0379339

重庆大学出版社

内容简介

本书以国家标准《综合布线系统工程设计规范》(GB 50311—2007)和《综合布线系统工程验收规范》(GB 50312—2007)为依据,以完成一个实际的综合布线工程为目标,按照工程真正的流程和要求,采用任务驱动的模式,读者在学习的时候可以同步进行实训,以掌握综合布线工程项目从提出、设计、施工、验收到维护过程中所需要的各种技能,从而获得从事综合布线工程相关工作的基本职业能力,实现教学与就业岗位的对接。

本书配置了大量数字资源,既适合学生用作教材,也可以作为网络工程人员的参考读物,还可作为教师的教学参考书。

图书在版编目(CIP)数据

网络工程施工/刘先荣主编.—重庆:重庆大学出版社,2014.1(2018.8 重印)
中等职业教育计算机专业系列教材
ISBN 978-7-5624-7582-8

Ⅰ.①网… Ⅱ.①刘… Ⅲ.①计算机网络—中等专业学校 Ⅳ.①TP393

中国版本图书馆 CIP 数据核字(2013)第 155548 号

中等职业教育计算机专业系列教材
网络工程施工
主 编 刘先荣
副主编 吴仁桂 江 宇
责任编辑:陈一柳 版式设计:陈一柳
责任校对:刘雯娜 责任印制:赵 晟
*
重庆大学出版社出版发行
出版人:易树平
社址:重庆市沙坪坝区大学城西路 21 号
邮编:401331
电话:(023)88617190 88617185(中小学)
传真:(023)88617186 88617166
网址:http://www.cqup.com.cn
邮箱:fxk@cqup.com.cn(营销中心)
全国新华书店经销
重庆长虹印务有限公司印刷
*
开本:787mm×1092mm 1/16 印张:13.75 字数:343 千
2014 年 1 月第 1 版 2018 年 8 月第 5 次印刷
ISBN 978-7-5624-7582-8 定价:35.00 元

中等职业教育示范校建设精品教材系列
编写指导委员会

前　言

计算机网络已成为信息化发展的重要基础设施，各行各业都在建设本单位的网络工程，人们逐渐认识到精良的网络布线的重要性。目前的计算机网络布线主要采用综合布线系统，它不仅能达到传输数据的目的，还能传送话音、报警信号、监控视频等。随着综合布线系统在网络工程中的广泛使用，越来越多的行业需要了解综合布线的基础知识，在社会上也需要大量的具有综合布线知识和技能的网络工程技术人员、布线施工人员以及网络管理人员。

本书以国家标准《综合布线系统工程设计规范》(GB 50311—2007)和《综合布线系统工程验收规范》(GB 50312—2007)为依据，反映了综合布线领域最新的技术成果，采用项目教学任务驱动模式进行编写。全书以完成一个实际的综合布线工程为目标，按照工程真正的流程和要求，采用任务驱动的模式，读者在学习的时候可以同步进行实训，以掌握综合布线工程项目从提出、设计、施工、验收到维护过程中所需要的各种技能，从而达到从事综合布线工程相关工作的基本职业能力，实现教学与就业岗位的对接。

本书由刘先荣担任主编，吴仁桂、江宇担任副主编。模块一、模块六、模块七由江宇、黄培君、文利、郑梅、韩仕梅、唐智慧、蔡金华共同编著；模块二、模块四由刘先荣、李开强、邱方家、熊渝、刘先志共同编著；模块五、模块八由吴仁桂、杨治成、彭长英、蔡晓霞、蒋富林、吴园洪共同编著。全书由刘先荣负责总协调和统稿。在本书编写过程当中，得到了 VCOM 公司和西安开元公司的工程师和技术人员的大力支持和指导，在此表示感谢。

本书可以作为中等职业学校计算机网络、通信技术、建筑电气等专业的教材，也可以作为计算机、通信、建筑电气、网络管理等领域的工程技术人员和从事智能建筑工程项目管理、施工、测试等工作的技术人员用的参考书。

本书参考学时为 108 学时，建议安排实训教学 54 学时以上。

编者意在奉献给读者一本实用并具有特色的教材，但由于我们水平有限，书中难免有错误和不妥之处，敬请广大读者给以批评指正。

编　者

2013 年 6 月

目 录

3

综合布线系统概述和工程招投标

【模块目标】

◆ 掌握综合布线系统的概念和组成

◆ 具备编写综合布线系统工程招投标文件的能力

任务 1 智能建筑与综合布线

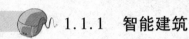

1.1.1 智能建筑

1. 智能建筑的概念

智能建筑是时代的必然产物,建筑智能化程度随科学技术的发展而逐步提高。当今世界科学技术发展的主要标志是 4C 技术(即 Computer 计算机技术、Control 控制技术、Communication 通信技术、CRT 图形显示技术)。将 4C 技术综合应用于建筑物之中,在建筑物内建立一个计算机综合网络,使建筑物智能化。

4C 技术仅仅是智能建筑的结构化和系统化。智能建筑应当是:"通过对建筑物的 4 个基本要素,即结构、系统、服务和管理,以及它们之间的内在联系,以最优化设计,提供一个投资合理又拥有高效、便利、安全的环境空间。智能建筑能够帮助建筑的主人,财产的管理者和拥有者意识到,他们在开支、生活舒适、商务活动和人身安全等全面得到最大利益的回报。"

1984 年 1 月,美国联合科技集团的 UTBS 公司在康涅狄格州哈伏特市建成了世界上第一座智能大厦,它是由一座旧金融大厦改建而成的都市大厦。在这座 3 层高,总建筑面积达 10 万多平方米的建筑里,客户不必自己添置设备,便可获得语言通讯、文字处理、电子邮件、市场行情信息、科学计算和情报资料检索等服务。此外,大厦实现了自动化综合管理,楼内的空调、供水、防火、防盗、供配电系统等均由计算机控制,使客户真正感到舒适、方便和安全,因此引起各国的重视和仿效,发达国家和部分发展中国家纷纷开始智能建筑。

2008 奥运体育场馆更是当今世界智能建筑的杰出代表,它由通讯系统、体育竞赛管理系统、信息管理系统、建筑设备监控管理系统及节能系统等几大部分组成。它的智能化系统是以先进的控制策略为指导,分为纵向集成、横向集成、总体集成 3 种模式的体育场馆整体数字化技术解决方案。

• 纵向集成 在传统 BA(楼宇)、FA(消防)、SA(保安)的集成基础上进行管理平台的集成控制,实现各子系统的具体功能。

• 横向集成 体育场馆中各子系统形成联动集成,主要体现各子系统的联动和优化组合。

• 总体集成 将各集成平台与体育竞赛管理系统进行总体集成形成统一的体育场馆智能化系统。

2. 智能建筑组成

智能建筑系统的结构由上层的智能建筑综合管理系统(IBMS)和下层的 3 个智能化子

系统构成:建筑设备管理系统(BMS)、通信网络系统(CNS)、办公自动化系统(OAS),如图1.1所示。

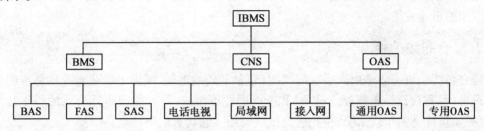

图 1.1 智能楼宇系统组成

BMS、CNS 和 OAS 3 个子系统通过综合布线系统(GCS)联结成一个完整的智能化建筑,由 IBMS 统一管理。

1.1.2 综合布线系统的概念

1.综合布线的发展过程

综合布线系统是智能建筑中必不可少的组成部分,是智能建筑的神经系统。它是智能大厦内所有信息的传输系统,是由线缆及相关连接硬件组成的信息传输通道,使智能建筑内各应用系统可以集中管理。综合布线的设计与实施是一项系统工程,是建筑、通信、计算机和监控等方面的先进技术相互融合的产物。它采用积木式结构、模块化设计、统一的技术标准,能满足智能化建筑高效、可靠、灵活性的要求。

早在 20 世纪 50 年代初期,一些经济发达国家就在大型高层建筑中采用电子组件的控制系统。到了 20 世纪 60 年代,建筑物功能日益扩大,弱电技术在建筑物中的应用越来越广,开始出现了数字式自动化系统。20 世纪 70 年代,计算机已进入了建筑物自动化系统。在建筑物内部装设各种仪表、控制装置和信号显示等设备,并要求采用集中控制、监视,以便于运行操作和维护管理。这些设备都必须分别设有独立的传输线路,并将分散在建筑物内设置的设备连接起来,组成各自独立的集中控制系统,这种线路一般成为专业线路。由于这些要用人工手动或初步的自动控制方式,技术水平较低,所需的设备和器材品种繁多而复杂,线路数很多,平均长度很长,不但增加了基本建设工程造价,且不利于维护管理。传统的布线方式主要存在以下弊端:

①系统缺乏兼容性。各系统分别独立,互不兼容,互不关联,分别设计,分别施工,分别设置独立线路。

②设备器材分别设置,增加了工程造价。

③分散施工,工程统一协调困难,施工后难于统一管理。

④传输技术标准不统一,缺乏灵活性,工程一旦确定,对于改建和扩建带来不少困难。

1984 年,第一座智能建筑在美国面世。通信技术、计算机技术、自动控制技术、图形图像显示技术在智能建筑中初步广泛应用;语音、数据、图像信号的传输要求越来越高,传统布线已经无法适应信息时代的这种要求,于是综合布线就随着智能建筑的发展应运而生了。

总之,智能建筑综合布线技术是取代传统建筑网络的一项重大技术进步。它是随着智能建筑的产生而产生,随智能建筑的发展而发展的,它将随着现代信息技术在智能建筑中的广泛应用而迅速发展。

2. 综合布线的特点

综合布线系统一般是由高质量的线缆(包括双绞线电缆、同轴电缆或光缆)、标准的配线接续设备(简称接续设备或配线设备)和连接硬件等组成,是目前国内外公认的科学技术先进、服务质量优良的布线系统,正在广泛推广使用。它具有以下特点:

①综合性、兼容性好。综合布线系统具有综合所有系统和互相兼容的特点,采用光缆或高质量的布线部件和连接硬件,能满足不同生产厂家终端设备传输信号的需要。

②灵活性、适应性强。传统的专业布线系统的灵活性和适应性差,在综合布线系统中任何信息点都能连接不同类型的终端设备,当设备数量和位置发生变化时,只需采用简单的插接工序,实用方便,其灵活性和适应性都强,且节省工程投资。

③便于今后扩建和维护管理。综合布线系统的网络结构一般采用星形结构,各条线路自成独立系统,改建或扩建时互相不会影响。综合布线系统的所有布线部件采用积木式的标准件和模块化设计。因此,部件容易更换,便于排除障碍,且采用集中管理方式,有利于分析、检查、测试和维修,节约维护费用和提高工作效率。

④技术经济合理。综合布线系统各个部分都采用高质量材料和标准化部件,并按照标准施工和严格检测,保证系统技术性能优良可靠,满足目前和今后通信的需要,且在维护管理中减少维修工作,节省管理费用。采用综合布线系统虽然初次投资较多,但从总体上看符合技术先进、经济合理的要求。

3. 综合布线系统的组成和结构

前面我们了解了综合布线的设计原则、设计等级、相关专业术语等,下面我们需要了解综合布线的系统组成和网络结构。

(1)综合布线系统组成

我国的综合布线结构和组成是由我国建设部发布并于 2007 年 10 月 1 日起开始实施的国家标准《综合布线系统工程设计规范》(GB 50311 – 2007)规定综合布线系统基本构成:工作区子系统、配线子系统、干线子系统、建筑群子系统、设备间、进线间和管理 7 个子系统,如图 1.2 和图 1.3 所示。

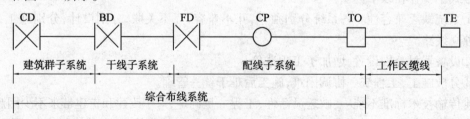

图 1.2　国家标准综合布线系统组成

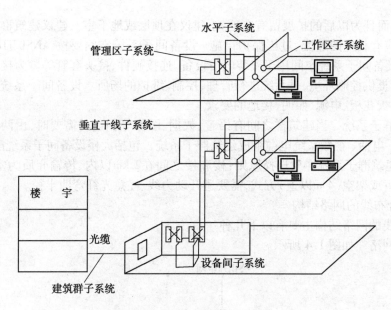

图1.3 综合布线系统线结构图

● 工作区子系统 一个独立的需要设置终端设备(TE)的区域宜划分为一个工作区。工作区应由配线子系统的信息插座模块(TO)延伸到终端设备处的连接线缆及适配器组成。

● 水平子系统 水平子系统指从楼层配线间至工作区用户信息插座、水平电缆、中间配线设备等组成。采用星型拓扑结构。每个信息点均需连接到管理子系统。如果水平子系统采用双绞线布线则最大水平距离为90 m/295 ft,该距离是指从管理间子系统的配线架的背部端口至工作区的信息插座的电缆长度。工作区的终端跳线、连接设备的设备跳线的总长度不应超过10 m。水平布线系统施工是综合布线中施工量最大、最重要的工作,在建筑物施工完成后不易变更。

● 管理子系统 管理子系统是综合布线系统区别与传统布线系统的一个重要方面,更是综合布线系统灵活性、可管理性的集中体现。管理子系统设置在楼层配线房、弱电井内,是水平系统电缆端接的场所,也是主干系统电缆端接的场所,由大楼主配线架、楼层分配线架、跳线、转换插座等组成。用户可以在管理子系统中更改、增加、交接、扩展线缆。

● 垂直干线子系统 垂直干线子系统由连接主设备间至各楼层配线间之间的线缆构成。其功能主要是把各分层配线架与主配线架相连。用主干电缆提供楼层之间通信的通道,使整个布线系统组成一个有机的整体。垂直干线子系统拓扑结构采用分层星型拓扑结构,每个楼层配线间均需采用垂直主干线缆连接到大楼主设备间。垂直主干采用25对大对数线缆时,每条25对大对数线缆对于某个楼层而言是不可再分的单位。垂直主干线缆和水平系统线缆之间的连接需要通过楼层管理间的跳线来实现。垂直主干线缆安装原则:从大楼主设备间主配线架上至楼层分配线间各个管理分配线架的铜线缆安装路径要避开高 EMI 电磁干扰源区域,如马达、变压器,并符合 ANSI TIA/EIA-569 安装规定。

● 设备间子系统 设备间子系统是一个集中化设备区,连接系统公共设备,如 PBX、核心交换机、服务器、建筑自动化和保安系统等。设备间子系统是大楼中数据、语音垂直主干线缆终接的场所,也是建筑群来的线缆进入建筑物终接的场所,更是各种数据语音主机设备及保护设施的安装场所。建议设备间子系统设在建筑物中部或在建筑物的一、二层,位置不

5

应远离电梯,而且为以后的扩展留有余地,不建议在顶层或地下室。建议建筑群来的线缆进入建筑物时应有相应的过流、过压保护设施。设备间子系统空间要按 ANSI/TIA/EIA－569 要求设计。设备间子系统空间用于安装电信设备、连接硬件、接头套管等。为接地和连接设施、保护装置提供控制环境,是系统进行管理、控制、维护的场所。设备间子系统所在的空间还有对门窗、天花板、电源、照明、接地的要求。

● 建筑群子系统　当建筑群之间有语音、数据、图像等相连的需要时,由两个及以上建筑物的数据、电话、视频系统电缆组成建筑群子系统。包括大楼设备间子系统配线设备、室外线缆等。建筑群子系统介质选择原则:楼和楼之间在2 km以内、传输介质为室外光纤、可采用埋入地下或架空(4 m以上)方式,需要避开动力线、注意光纤弯曲半径。

(2)综合布线的网络结构

综合布线的网络结构主要有以下几种:

● 星形网络　如图1.4所示。

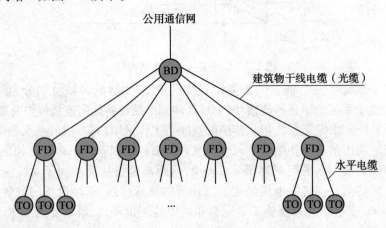

图1.4　星形结构

其特点是:结构简单、易于实现、便于管理、中心节点是瓶颈。综合布线系统中主要采用星形结构网络。

● 树形网络　树形网络是星形的扩展,分层的星形网络,如图1.5所示。

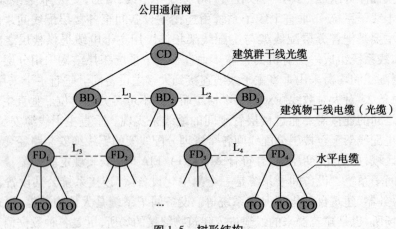

图1.5　树形结构

- 环形网络　环形结构网络结构简单,传输稳定,任何一点出现故障,网络将瘫痪。
- 分布式网络　分布式结构网络任一节点至少与两条线路相连,稳定性高,易于扩充,控制机构复杂,成本高。
- 总线形网络　总线形结构网络单条总线与所有节点相连,结构简单扩展方便,总线故障将造成部分乃至整个网络瘫痪。
- 复合形网络　复合形结构网络是分布式网络与树形网络的结合,可靠性高,结构复杂。

(3)综合布线系统的设备配置

综合布线系统的设备配置是工程设计中的重要部分,它涉及工程建设规模的大小、通信(信息)设备数量的多少、工程建设投资的高低以及工程建设质量的优劣,因此,深受各方面的关注和重视,尤其是设备配置在近期与远期如何结合取定更为关键。在综合布线系统进行设备配置设计时,主导思想是应充分考虑用户近期实际需要与远期发展态势相结合,使整个设备配置方案具有通用性和灵活性,尽量避免综合布线系统投产后不久,又要再次扩建或改建,造成工程建设投资极大的浪费。为此,GB 50311—2007 提出了以下要求:

水平配线子系统的缆线较难敷设,且其容量(线对对数)不多,应以远期信息需要的数量为主,也就是缆线线对数量可以适当多些。

垂直主干子系统的缆线较易布放,且其容量(线对对数)较多,应以近期实用为主,也就是缆线线对数量适当少些。设备配置数量经计算得到结果后,再结合电缆、光缆、配线设备和接线模块等的类型、规格、容量等因素予以选用,作出比较合理的设备配置方案。目前,智能化建筑综合布线系统设备配置的基本思路是:用于计算机网络的主干缆线,可采用光缆;用于电话通信的主干缆线刚采用大对数对绞电缆,并考虑增加适当容量作为备用(一般为总对数的 10 备用线对),以保证通信(信息)网络系统安全可靠地运行。不过,综合布线系统工程的类型较多,且实际情况比较复杂,不可能按一种模式进行建设,在工程设计时,应结合智能化建筑的特点和实际需要,灵活机动地调整和运用。

根据国家有关标准的规定,工作区配置宜符合以下几点:

①工作区适配器的选用,宜符合下列规定。
- 设备的连接插座应与连接电缆的插头互相匹配;不同的插座与插头之间应加装适配器。
- 在连接使用信号的数模转换、光电转换、数据传输速率转换等相应的装置时,应采用适配器。
- 对于网络规程的兼容,采用协议转换适配器。
- 各种不同的终端设备或适配器均安装在工作区的适当位置,并应考虑现场的电源与接地等系统施工安装的空间。

②每个工作区的服务面积,应按不同的智能化建筑的类型和性质以及应用功能来确定。按照国际标准和我国通信行业标准的规定,综合布线系统工程的范围不包括非永久性的工作区布线,这里考虑的工作区面积是作为规划中计算用户信息点数量时使用的。

4.综合布线系统的应用

综合布线系统为智能建筑群中的信息设施提供了模块化扩展、更新与系统灵活重组的可能性,既为用户创造了现代信息系统环境,强化了控制与管理,又为用户节约了费用,保护了投资。综合布线系统已成为现代化建筑的重要组成部分,具体可应用到以下领域:智能监控系统、智能小区管理系统、智能消防系统、楼宇自控系统、智能家居产品、智能照明系统、公共广播系统、系统集成产品、建筑设备监控系统。

1.1.3 综合布线系统的设计等级

对于建筑物的综合布线系统,一般分为 3 种不同的布线系统等级:基本型综合布线系统、增强型综合布线系统、综合型综合布线系统。

1. 基本型综合布线系统

基本型综合布线系统方案,是一个经济有效的布线方案。它支持语音或综合型语音/数据产品,并能够全面过渡到数据的异步传输或综合型布线系统。

(1)基本型综合布线系统的基本配置
- 每一个工作区有 1 个信息插座;
- 每一个工作区有一条水平布线 4 对 UTP 系统;
- 完全采用 110 A 交叉连接硬件,并与未来的附加设备兼容;
- 每个工作区的干线电缆至少有两对双绞线。

(2)基本型综合布线系统的特点
①能够支持所有语音和数据传输应用;
②支持语音、综合型语音/数据高速传输;
③便于维护人员维护、管理;
④能够支持众多厂家的产品设备和特殊信息的传输。

2. 增强型综合布线系统

增强型综合布线系统不仅支持语音和数据的应用,还支持图像、影像、影视、视频会议等。它具有为增加功能提供发展的余地,并能够利用接线板进行管理。

(1)增强型综合布线系统的基本配置
- 每个工作区有两个以上信息插座;
- 每个信息插座均有水平布线 4 对 UTP 系统;
- 具有 110 A 交叉连接硬件;
- 每个工作区的电缆至少有 8 对双绞线。

(2)增强型综合布线系统的特点
①每个工作区有 2 个以上信息插座,灵活方便、功能齐全;
②任何一个插座都可以提供语音和高速数据传输;
③便于管理与维护;
④能够为众多厂商提供服务环境的布线方案。

3. 综合型综合布线系统

综合型布线系统是将双绞线和光缆纳入建筑物布线的系统。

(1)综合型布线系统的基本配置

- 在建筑、建筑群的干线或水平布线子系统中配置 62.5 μm 的光缆;
- 在每个工作区的电缆内配有 4 对双绞线;
- 每个工作区的电缆中应有两对以上的双绞线。

(2)综合型布线系统的特点

①每个工作区有两个以上的信息插座,不仅灵活方便而且功能齐全;

②任何一个信息插座都可供语音和高速数据传输;

③有一个很好环境,为客户提供服务。

 1.1.4 综合布线系统标准

当前国际上主要的综合布线技术标准有北美标准 TIA/EIA 568-B、国际标准 ISO/IEC 11801:2002 和欧洲标准 CELENEC EN 50173:2002。

1. 北美标准

①TIA/EIA 568 标准:

TIA/EIA 568;

ANSI/TIA/EIA 568 A(1995):定义 5e 类、引入了 3 dB 原则;

TIA/EIA 568 B (2002):定义 6 类、引入永久链路;

TIA/EIA 568 C (2009):正式定义 6 A 类、引入外部串扰。

②TIA/EIA 569 A 商业建筑电信通道和空间标准:569 的目的是使支持电信介质和设备的建筑物内部和建筑物之间设计和施工标准化,尽可能地减少对厂商设备和介质的依赖性。

③TIA/EIA 570 A 住宅电信布线标准:家居电信布线标准。

④TIA/EIA 606 商业建筑电信基础设施管理标准:用于对布线和硬件进行标志,目的是提供一套独立于系统应用之外的统一管理方案。

⑤TIA/EIA 607 商业建筑物接地和接线规范:这个标准的目的是规范建筑物内电信接地系统的规划、设计和安装。

2. 国际标准

综合布线国际标准主要是 ISO/IEC 11801 系列标准。

- ISO/IEC 11801:1995 定义到 100 MHz,定义了使用面积达 100 万平方米和 5 万个用户的建筑和建筑群的通信布线,建立了"级(Classes)",即 Class A, Class B, Class C, Class D 等级的概念。

- ISO/IEC 11801:2000 定义了永久链路,对永久链路和通道的等效远端串扰 ELF-EXT、综合近端串扰和传输延迟进行了规定。

● ISO/IEC 11801:2002　定义了 Cat6/Class E 和 Cat7/Class F 类链路。

3. 欧洲标准

欧洲标准 CELENEC EN50173(信息系统通用布线标准)与国际标准 ISO/IEC 11801 是一致的,但是 EN50173 比 ISO/IEC 11801 更为严格,它更强调电磁兼容性,提出通过线缆屏蔽层,使线缆内部的双绞线对在高带宽传输的条件下,具备更强的抗干扰能力和防辐射能力。该标准先后有 3 个版本:EN50173:1995;EN50173A1:2000;EN50173:2002。

4. 综合布线系统中国标准

①中国工程建设标准化协会在 1995 年颁布了《建筑与建筑群综合布线系统工程设计规范》(CECS 72:95)。

②1997 年颁布了新版《建筑与建筑群综合布线系统工程设计规范》(CECS 72:97)和《建筑与建筑群综合布线系统工程施工及验收规范》(CECS 89:97)。

③通信行业标准 YD/T 926《大楼通信综合布线系统》于 1998 年 1 月 1 日起正式实施。

④YD/T 926—2001 第二版,于 2001 年 11 月 1 日起正式实施。

⑤综合布线国家标准《建筑与建筑群综合布线系统工程设计规范》(GB/T 50311—2000)、《建筑与建筑群综合布线系统工程验收规范》(GB/T 50312—2000)于 2000 年 2 月 28 日发布,2000 年 8 月 1 日开始执行。

⑥最新综合布线国家标准《综合布线系统工程设计规范》(GB 50311—2007)、《综合布线工程验收规范》(GB 50312—2007)于 2007 年 4 月 6 日发布,2007 年 10 月 1 日开始执行。

1.1.5　综合布线技术的最新进展

1. 宽带化

综合布线系统主要是从窄带向宽带、从低速率向高速率方向发展。由于计算机数据的接入,综合布线系统应采用开放式的结构,应能支持当前普遍采用的各种局部网络及计算机系统,主要有 rs232-c(同步/异步)、星形网、局域/广域网、令牌网、以太网及光缆分布数据接口等。目前,通讯媒介的传输速率已发展到 155 Mbit/s,622 Mbit/s 等,空间电磁干扰(且为同频干扰)的现象也越来越严重,必须使用屏蔽缆线进行良好的接地。由非屏蔽双绞线、屏蔽双绞线及光缆组成的网络,能适合各种速率的传输要求,也能构成完全宽带综合业务数字网(B-ISDN)。

2. 数字化

整个网络向数字化方向发展是必然趋势。由于国内的电话网络已普遍使用程控交换技术、光缆和数字微波传输技术,从模拟向数字的转化比较容易实现;而电视图像系统目前普遍使用的是模拟制,使用面大且广,向数字化转换有一定的难度。

3.综合化

综合化是综合布线系统的又一发展方向,除综合电话、计算机数据、会议电话、监视电视等之外,更多的是需要综合图像、监控、火灾报警、保安防盗报警、楼宇设备及技术管理系统等。

4.智能化

综合布线是一种开放式结构,能适应智能建筑开放式布局及智能结构的需求。

5.个人化

个人化也是一种目标。网络连接后,人们完全可以在家庭办公,将设计文件、信息由网络传向对方。在办公室也无须每人设一张办公桌,可以随意使用办公室里某个桌子上的电话、计算机工作,使办公自动化达到较高的程度。

 【小结】

通过本节的学习,我们了解到智能建筑在当今的现状及今后的发展趋势。掌握了综合布线系统工程的结构和组成,并对综合布线系统的设计等级、设计标准有了相关了解。接下来,我们就可以学习如何对综合布线系统的对用户的具体需求进行分析,如何对综合布线工程进行招投标。

 【习题】

1.选择题

(1)综合布线系统一般逻辑性地分为(　　)个子系统。
A.4　　　　　　B.3　　　　　　C.5　　　　　　D.6

(2)综合布线系统的拓扑结构一般为(　　)。
A.总线形　　　　B.星形　　　　C.树形　　　　D.环形

(3)综合布线系统一般逻辑性地分为(　　)个子系统。
A.4　　　　　　B.3　　　　　　C.5　　　　　　D.6

2.问答题

(1)综合布线系统的组成要素有哪些?

(2)综合布线系统的未来发展趋势。

(3)当前主要的综合布线系统标准有哪些?

(4)简要说明综合布线系统的设计等级。

(5)简述综合布线的系统是怎样组成。

(6)综合布线系统的拓扑结构有哪些?它和计算机网络拓扑结构之间有什么关系?

(7)分析综合布线系统的6个子系统与计算机局域网之间的关系。

11

任务2 综合布线系统工程的招投标

1.2.1 综合布线与计算机网络的关系

综合布线系统的主要用途就是作为计算机网络的基础设施,综合布线系统的拓扑结构、传输介质、布线距离、传输指标等都是根据计算机网络的要求而规定的。因此综合布线系统的设计必须考虑到其建成后在计算机网络中的应用,考虑到用户将要建设什么样的计算机网络,应以计算机网络中的各级网络设备为中心进行综合考虑。

1.局域网的基本组成、拓扑结构和组网技术

①计算机网络系统是一个较为复杂的系统,不同的网络其组成不尽相同,但是不论是简单的网络还是复杂的网络,其组成部分基本上都是由硬件和软件两部分组成。硬件是由计算机(特别是 PC)、传输介质、网络连接设备和网络适配器构成,软件主要是网络操作系统。

②计算机网络系统有很多种网络拓扑结构,在局域网中使用的网络拓扑结构主要有星形、总线形、环形、树形和混合形拓扑结构。

③局域网的组网技术发展的非常迅速,也有很多种不同的类型,例如以太网、令牌环网、FDDI、ATM、光纤通道等。在这些组网技术中,以太网是目前最流行的局域网组网技术。

以太网应用经过不断地发展,传输速度从最初的10 Mbit/s逐步扩展到100 Mbit/s,1 Gbit/s,10 Gbit/s和100 Gbit/s。高速以太网和千兆以太网开启了一个新概念,每个网络设备到中心设备之间都使用专用传输介质(双绞线、光缆)。LAN 的带宽无论是被所有站点共享,还是被某一个站点专用,都要为每个设备分配一根电缆。

2.综合布线系统与计算机网络的联系

(1)综合布线系统的拓扑结构

• 两层结构 这种形式以一个建筑物配线架 BD 为中心,配置若干个楼层配线架 FD,每个楼层配线架 FD 连接若干个通信出口 TO,如图 1.6 所示。

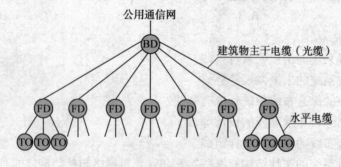

图 1.6 两层结构

● 三层结构　这种形式以某个建筑群配线架 CD 为中心,以若干建筑物配线架 BD 为中间层,相应地有再下层的楼层配线架和水平子系统。

(2)综合布线系统的布线距离

ISO/IEC 11801 与 TIA/EIA 568-A 对线缆布线距离的规定如表 1.1 所示。

表 1.1　ISO/IEC 11801 与 TIA/EIA 568-A 对线缆布线距离

安装距离	ISO/IEC 11801	TIA/EIA 568-A
三类[建筑(内)主干]	500 m 语音	500 m 语音
	90 m 数据	90 m 数据
四类[建筑(内)主干]	500 m 语音	500 m 语音
	140 m 数据	90 m 数据
五类[建筑(内)主干]	500 m 语音	500 m 语音
	90 m 数据	90 m 数据
STP-A[建筑(内)主干]	140 m 数据	90 m 数据
光纤[建筑(内)主干]	500 m 数据	500 m 数据
多模光纤[建筑(内)主干]	1 500 m 数据	1 500 m 数据
单模光纤[建筑(内)主干]	2 500 m 数据	2 500 m 数据

《综合布线系统工程设计规范》(GB 50311—2007)对综合布线系统的布线距离有如下规定:

①综合布线系统水平线缆与建筑物主干线缆及建筑群主干线缆之和所构成信道的总长度不应大于2 000 m。

②建筑物或建筑群配线设备之间(FD 与 BD,FD 与 CD,BD 与 BD,BD 与 CD 之间)组成的信道出现4 个连接器件时,主干线缆的长度不应小于15 m。

配线子系统各线缆应符合下列要求:

①配线子系统信道的最大长度不应大于100 m。

②工作区设备线缆、电信间配线设备的跳线和设备线缆之和不应大于10 m,当大于10 m时,水平线缆长度(90 m)应适当减少。

③楼层配线设备(FD)跳线、设备线缆及工作区设备线缆各自的长度不应大于5 m。

 ### 1.2.2　用户需求分析

综合布线工程用户需求的分析,主要是对通信引出端(即信息插座)的数量、位置以及通信业务需要进行分析,如果建设单位能够提供工程中所有信息点的翔实资料,且能够作为设计的基本依据,那么可不进行这项工作。

1. 用户需求分析的内容

综合布线工程的用户需求分析主要包含以下方面:

- 用户信息点的种类；
- 用户信息点的数量；
- 用户信息点的分布情况；
- 原有系统的应用及分布情况；
- 设备间的位置；
- 进行综合布线施工的建筑物的建筑平面图以及相关管线分布图。

2. 用户需求分析的方法

（1）需求描述

综合布线系统需求通常由建设方的技术人员综合各部门的意见，从用户角度出发，以简明扼要的方式提出，也可委托设计咨询单位代劳，应包括以下几个方面：

- 功能需求　明确表述综合布线系统必须实现的总体功能。如某会展中心综合布线系统的功能需求可描述为：由于本系统面向高端用户，因此系统必须提供足够的网络带宽和互联网出口带宽，在会展中心部分，本系统需要为参展商、临时客户、会展主办机构提供有线和无线网络服务等。

- 性能需求　指综合布线系统所应遵循的一些约束和限制，主要是系统的可靠性、灵活性、安全性、可扩展性等要求，以及系统的通信和连接能力的要求。如某会展中心综合布线系统的性能需求可以描述为：由于本系统会展中心部分的用户具有较大流动性，因此，该部分网络服务必须具有高度的灵活性，以便于临时用户的快速接入以及展位的可能变化。

- 未来系统提升要求　将来可能要对系统进行提升、扩充或修改。如在若干年后，如需对网络进行升级，布线系统应保持足够的传输能力之类的要求。

（2）需求分析

由于建设方一般不具备专业方面的知识和经验，故设计单位需对其需求进行细化和分析，主要任务是将建设方在需求描述中所表达的笼统意图转化为具体、专业的实现方法，并对该法进行性能和效益分析。

- 系统的整体规划：包括系统的设计原则、设计理念、实现目标以及系统的定位。系统的整体规划要与建设方对整个建设项目的目标相适应，同时要与当前的主流技术和建设方投入的资金相适应，还应该考虑周围的环境；对比类似系统，仔细琢磨国内外建设经验，设计出系统的亮点和卖点。

- 系统的结构化分析：综合布线系统为开放式星型拓扑结构，模块化设计，各子系统之间关系密切，必须合理配置。

- 文档规范：对系统的分析结果应该用文档正式地记录下来，作为需求分析的阶段性成果。在文档中至少应该包括系统的规格说明、系统各组成部分的描述、相似系统的类比、系统设计计划等内容。

3. 需求的验证和确认

结合现场调查，核定用户需求预测结果。对以下 3 个方面进行验证：

- 一致性：与需求报告中的所有需求应该是一致的，不能相互冲突。

- 完整性：完整地体现用户的需求，能够充分覆盖用户的意图。
- 现实性：可以在现有经济、技术条件下实现，并能充分发挥其效能。

1.2.3 用户需求分析的基本要求

1. 以工作区为核心，提高用户需求预测的准确性

要分析用户对综合布线系统的需求，关键是确定建筑物中需要信息点的类型和场所，对于所有用户信息业务种类的信息需求的发生点应包含3个要素，即用户信息点出现的时间、所在的位置和具体数量，否则在综合布线工程设计中将无法确定配置设备和敷设线缆的时间、地点、规格和容量。

2. 以近期需求为主，适当结合今后发展需要，留有余地

建筑物内的综合布线系统主要是水平布线和主干布线。水平布线一般敷设在建筑物的天花板和管道中，覆盖整个楼层，如果要更换或增加水平布线，不但会损害建筑物内部结构，而且施工费用高昂。总之，可以采取"总体规划、分步实施、水平布线一步到位"的策略。

3. 对各种信息终端统筹兼顾、全面调查预测

综合布线系统的主要特点之一是能综合话音、数据、图像和监控等设备的传输性能要求，具有较高的兼容性和互换性。它是将各种信息终端设备的插头与标准信息插座互相配套使用，以连接不同类型的设备。因此，在分析过程中，对所有信息终端都要统筹兼备，全面考虑，以免造成遗漏。

4. 多方征求意见

根据分析工程建设项目的情况，参照其他综合布线系统的情况进行具体分析比较和预测，可以初步得到综合布线系统工程设计所需的用户需求信息，然后将该预测结果与用户共同商讨，广泛听取意见，进行必要的补充和修正。同时，应参照以往类似工程设计中的有关数据和技术指标。结合工程现场调查研究，分析预测结果与现场是否相符，特别要避免项目丢失或发生重大失误。

1.2.4 用户信息需求量估算

1. 综合办公楼和商贸租赁大厦

综合办公楼和商贸租赁大厦中主要有政府机关。公司总部和商贸中心等，也包括专业银行、保险公司和股票证券市场，其用户信息需求的预测指标一般有以下几种：

①按在职工作人员的数量估算。通常党政机关、金融单位、科研设计部门的每个工作人员应配有一个信息点。规模较小或不太重要的部门可以2～3个工作人员配有1个信息点。

15

在比较特殊或重要的部门,其信息点数量可增加到每人两个或更多。

②按组织机构的设置估算。在一般行政机关、工矿企业、科研设计等部门,可根据其组织机构、人员编制及对外联系的密切程度来考虑。一般单位的处室最少配置34个信息点,科室至少配有2个信息点,也可根据实际需要和业务量多少增减信息点数量。

2. 交通运输和新闻机构

交通运输和新闻机构单位包括航空港、火车站、长途汽车客运枢纽站、航运港、通信枢纽楼、公交指挥中心等。此外,还有广播电台、电视台、新闻通讯社和报社等。上述单位的智能化建筑都属于重要的公共建筑,要求很高,信息需求量大,一般有以下几种预测指标:

①按工作人员的数量估算。根据单位的工作性质、业务量多少和对外联系密切程度估算。重要单位每人应配备1个信息点,一般单位最少2~3个人配有1个信息点。

②按工作岗位设置估算。有些单位(如客运、货运调度岗位)采用的是24小时工作制,而且业务性质较重要,除必备的信息点外,还应设置备用信息点,以保证工作不间断。

③按参与活动和来往人员的多少估算。在从事交通运输工作的智能化建筑中,参与活动和来往人员较多,且活动时间较长和对外联系频繁,因此,可根据上述因素估算信息点数量。一般可以按正比关系考虑,信息点的设置位置也应考虑人员分散活动的特点。

3. 其他类型的重要建筑

其他类型的重要建筑较为复杂,各有特点,其中有高级宾馆饭店、商城大厦、购物中心、医院、急救中心、贸易展览场馆、社会活动中心或会议中心等。其估算参考指标除可采用上述几种外,还可用以下几种:

①按经营规模的大小或工作岗位的多少来估算,如商场按柜台、宾馆饭店按房间,会议中心按座位,医院按床位或门诊病人数量作为基本计量单位。但要注意上述智能化建筑本身的差异很大,对信息的需求也就不同,在估算时必须有所区别。

②按建筑面积大小估计,如建筑群内办公室房间的多少、商场营业面积、商贸洽谈场所数量面积和展览摊位数来估算。此外,还可根据建筑性质,按其内部具体单位数量来估算,如以租赁大厦的租用单位多少进行估算,或采取人员数量和建筑面积相结合进行估算。

1.2.5 编写需求文档

通过前面的学习,我们对掌握了对综合布线工程用户的需求进行调查、预测的方法。下面我们以某中职院校校园网为例,编写了该中职院校校园网的需求文档。

1. 项目概况

16

某中职院校有56个教学班级,300余名教职工,学生3 600人。新建教学楼(教学楼2座、办公楼1座、实验大楼1座)已经竣工,秋季开学将投入使用。为了贯彻落实国家教育部"面向21世纪教育振兴行动计划"的精神,适应中职教育改革的需要。该中学决定筹集资金建设校园网,广泛采用计算机网络、多媒体技术作为现代教育技术手段辅助教学,推进中职教学方法、教学手段和教学模式的改革、优化教学过程、提高教学质量。

2.建设校园网的必要性

随着计算机网络和多媒体技术的发展与普及,校园网信息系统的建设非常必要,也是可行的。主要表现在:

①教学信息量的不断增大,使各级学校、家庭和教育管理部门对教育信息计算机管理和教育信息服务的要求越来越强烈。个人是否具有获得信息和处理信息的能力对于能否成功进入职场,结合融入社会及文化环境都是确定性的因素,因此学校为培养所有学生具有驾驭和掌握这种技术的能力。

②信息技术在作为青少年教育工具的同时也向青少年提供了前所未有的机会。新技术提供的机会以及它们在教学方面具有的优势都是很多的,特别是计算机和多媒体系统的使用有助于个人化的道路,每个学生在个人的学习道路上都可以按照自己的速度发展。

③我国各级教育研究部门、软件开发单位、教学设备供应商和各级学校不断开发提供了各种在网络上运行的软件及多媒体系统,并且越来越形象化、实用化、迫切需要网络环境。

④现代教育改革需要在校园网中将计算机引入教学各个环节,从而引起了教学方法,教学手段,教学工具的重大革新。对提高教学质量,推动我国教育现代化的发展起着不可估量的作用。网络又为学校的管理者和老师提供了获取资源协同工作的有效途径。

3.校园网总体要求

为促进教学、方便管理和进一步发挥学生的创造力,校园网络建设成为现代教育机构的必然选择。所以学校网络主要建设原则应满足以下的特点:

①高速的局域网连接。校园网的核心为面向校园内部师生的网络,因此园区局域网是该系统的建设重点,由于参与网络应用的师生数量众多,而且信息中包含大量多媒体信息,故大容量、高效率的数据传输是网络的一项基本要求。

②信息结构多样化。校园网应用分为网络多媒体教学、个性化教学、电子图书馆、电子邮件、电子公告板、学校教学、科研、行政、后勤综合管理信息系统。因此数据成分复杂,不同类型数据对网络传输有不同的质量要求。

③安全可靠。校园网中同样有大量关于教学和档案管理的重要数据,不论是被破坏、丢失还是被窃取,都将带来极大的损失。

④操作方便,易于管理。校园网面向不同知识层次的教师、学生和办公人员;银行用户管理应简便易行,界面友好,不宜太过专业。

⑤经济实用。学校对网络建设的投入有限,因此要求建成的网络应经济实用,具备很高的性价比。

4.用户需求分析

(1)用户业务类型需求分析

根据对该学校基本情况的了解,该校的信息点数目在1 000以下,分别分布在新建的教学楼群中,主要用于学校内部的通信、资源的共享等,也利用因特网进行外部通信。但是校园网网络流量主要集中在校园网内部,所以对内网网络的交换能力要求较高。

(2)网络功能需求分析

根据校园网功能的作用范围不同可以分为校园网内与校园网外两大功能范围。

①校园网内部功能。

- 在教学方面:能够提供课件、教学信息资料库。
- 在管理方面:学生学籍信息管理、相关档案查询。
- 提供丰富的校园网网络服务,实现广泛的软件、硬件资源的共享;建立校园网内 FTP 服务器,为校园网内用户提供某些资源下载;建立电子图书馆,方便老师和学生阅读学习资料;建立校园网内部 BBS 提供各种专题讨论区,校园网用户之间可以互相学习。

②校园网外部功能

- 通过校园网接入互联网,建立校园站点,将本中职院校的信息发布在互联网上。
- 建立邮件服务器,方便校内网用户与网内用户或者互联网上的其他用户通过邮件进行交流沟通。
- 能通过校园网与外网连接。

5.网络性能需求分析

(1)网络建设的特点及要求

①用户数量大,能满足 1 000 个以上用户上网。

②网络流量负荷大。

③对网络的带宽要术较高,校园区主干网应达到 1 000 Mbit/s 或以上的传输能力,按应用需要使用 100 Mbit/s 传输速率交换到桌面。

④网络管理及维护工作量大。校园网建成后,一个主要的应用就是多媒体教学、计算机会经常性地在课堂上使用,而且学生在课余也会利用计算机进行自我学习,计算机的利用率较高,其管理和维护任务将十分艰苦。因此需要有性能良好安全可靠的网管系统的支持。

⑤虚拟局域网。允许实施极为灵活高效的网络分段,它使用户和资源能够在逻辑上组合起来,而无论其物理位置如何。虚拟局域网为陷入困境的路由器和广播风暴提供了一个有效的解决方案。通过限制广播、多点广播和单点广播通信的传播,虚拟局域网能够帮助节约带宽,减少在交换网络间进行昂贵复杂的路由器的需求,同时消除广播风暴的危害。

⑥具有可平滑升级扩展能力。网络系统设计方案应满足的要求:网络方案应采用成熟的技术,并尽可能采用先进的技术;采用国际统一标准,以拥有广泛的支持厂商,最大限度的采用同一厂家的产品;方案应合理分配带宽,使用户不受网上"塞车"的影响;应充分考虑未来可能的应用,如桌面将承受大型应用软件和多媒体传输需求的压力;该网络方案要具有高扩展性,能为用户未来数目的扩展具有调整、扩充的手段和方法;该网络应是面向连接的,能够实现虚拟网(VLAN)连接;考虑对用户现有网络的平滑过渡,使学校现有陈旧设备尽量保持较好的利用价值。

(2)设备选型

- 网络设备的要求

高性能:所有网络设备都应足够的吞吐量。

高可靠性和高可用性:应考虑多种容错技术。

可管理性:所有网络设备均可用适当的网管软件进行监控、管理和设置。

标准性:采用国际统一的标准。

- 主干网

校园网采用星形结构,设计应考虑单点故障在经费允许下,应尽可能少。

- 主交换机

支持三层交换,VLAN 管理,背板带宽≥4 GB,24 个 10/100 MB TX 端口。

- 建筑楼交换机

支持二层交换,VLAN 管理,24 个 10/100M TX 端口,配置相应的机柜和配线架。主机柜≥1.5 m,分主机≥0.7 m。

- 网络信息中心设备

服务器,主要完成 DNS、WWW、E-mail、FTP、Proxy 及数据库共享等服务功能,可配置 4~6 台服务器。其指标要求:CPU Intel i5 以上,内存 4GB,硬盘≥1TB,CDROM,100/1 000 MB NIC。

- UPS 电源

容量≥3 kV,延时≥4 h,可网管。

- 广域网连接设备

路由器,至少两个异步口和 1 个 10 MB 以太口,应考虑校园网接入 CERNET 的要求。

- 教学、行政、后勤管理

PC 机≥120 台,CPU i3 以上,RAM2GB,HD≥500 GB,CDROM、声卡、音箱、麦克、100 MB 网卡。

- 计算机网络机房主要设备

学生机:U2257 (1.6 GHz),SATA(7200 rpm)250 GB,4 GB DDR3 SDRAM,19 in* LCD,56 台学生机。

(3)安全性、可靠性

鉴于学校自身的特点,系统的可靠性及安全性尤其重要,遵循本系统设计原则中可靠性、安全性两点,制订出以下细则:

①系统的安全性:由于学校自身的特点,系统必须具有较高的安全保密性能,本系统应针对不同的对象、环境、防止非法侵入和机密泄露,避免灾难性事件的发生。

②环境安全性:主要是网络、微机所在环境的安全性,所以在主机房的设计方面一定要在 UPS 电源保障、通风设备、消防设备、烟火预警、监控等方面要考虑周全,按照国家标准进行设计,避免灾难性事件的发生。

③设备安全性:所选用的网络设备,服务器,微机设备,其质量必须稳定可靠、服务过硬,并能通过美国 FCC CLASS B 级标准,尽可能地减少电磁泄漏量,以保证数据和人体的安全性。

④应用系统设计安全性:所选的网络操作系统、数据库开发平台工具必须能够提供多级安全机制,如多级口令、备份、数据恢复等。

⑤系统的可靠性:对于学校来说,一个系统的正常运行尤为重要,一旦在关键时刻系统出现过障率小,便于维护。在系统结构设计中应充分考虑到网络的负载,尽可能避免网络瓶

19

颈,以及对过障点的隔离作用。物理结构上采用双环树型和星型拓扑结构,其单点的过障不会对其他工作点产生、影响。对于数据的安全可靠性,可以采用如服务器镜像、RAID 5 磁盘阵列、联机磁带备份等手段来提高网络数据的可靠性。

(4)可升级、可扩展性

系统要有可扩展性和可升级性,随着业务的增长和应用水平的提高,网络中的数据和信息流将按指数增长,需要网络有很好的可扩展性,并能随着技术的发展不断升级。易扩展不仅仅指设备端口的扩展,还指网络结构的易扩展性:即只有在网络结构设计合理的情况下,新的网络节点才能方便地加入已有网络;网络协议的易扩展:无论是选择第三层网络路由协议,还是规划第二层虚拟网的划分,都应注意其扩展能力。QOS(Quality of Service,服务质量)是网络的一种安全机制,是用来解决网络延迟和阻塞等问题的一种技术。保证随着网络中多媒体的应用越来越多,这类应用对服务质量的要求较高,本网络系统应能保证 QOS,以支持这类应用。

6. 软件需求分析

- 系统软件:Windows XP,Windows Server 2003。
- 服务软件需求:教职员工综合信息管理系统、校园图书馆系统和校园 BBS、E-mail 服务器、FTP 服务器。
- 教学、编程软件:要求能完成各种编程语言教学、应用软件教学、Internet 多种应用功能教学,可选 Visual Basic 6.0 简体中文版、Visual C++ 6.0 SP6、Microsoft Office 2003 等。

7. 经费预算要求

学校刚完成新教学楼的建设,经费紧张,尽量节约成本。

8. 系统设计指导思想

本着实用的原则,尽量使用成熟先进易用的平台软件,以缩短教学课件的开发周期;采用分布式的结构,以便于开发和维护;采用集群解决方案,以保证连续工作;为保证网络速度而采用较高的带宽(目前主干双工1 000 Mbit/s,100 Mbit/s交换到桌面);充分考虑系统资源的共享,追求最高的性能价格比。

严格从用户需求出发,以专业的知识为基础,结合具体环境为用户提供安全、可靠、经济、实用的技术方案。

 1.2.6 编写综合布线工程投标文件

1. 工程项目招标的基本概念

- 综合布线系统工程招标通常是指需要投资建设综合布线系统的单位(一般称为招标人),通过招标公告或投标邀请书等形式邀请具备承担招标项目能力的系统集成施工单位(一般称为投标人)投标,最后选择其中对招标人最有利的投标人进行工程总承包的一种经济行为。

综合布线系统工程招标也可以委托工程招标代理机构来进行。

● 招标人是指提出招标项目、进行招标的法人或者其他组织。

● 招标代理机构是指依法设立、从事招标代理业务并提供相关服务的社会中介组织。招标代理机构应当具备下列条件：

①有从事招标代理业务的营业场所和相应资金。

②有能够编制招标文件和组织评标的相应专业力量。

③有符合投标法第三十七条第三款规定条件、可以作为评标委员会成员人选的技术、经济等方面的专家库。

● 招标文件：招标文件一般由招标人或者招标代理机构根据招标项目的特点和需要进行编制。招标文件应当包括以下内容：

①招标项目的技术要求。

②招标项目的商务要求。

③招标项目需要划分标段、确定工期的，招标人应当合理划分标段、确定工期，并在招标文件中载明。

④招标文件不得要求或者标明特定的生产供应者以及含有倾向或者排斥潜在投标人的其他内容。

⑤招标人对已发出的招标文件进行必要的澄清或者修改的，应当在招标文件要求提交投标文件截止时间至少十五日前，以书面形式通知所有招标文件收受人。该澄清或者修改的内容为招标文件的组成部分。

⑥招标人应当确定投标人编制投标文件所需要的合理时间，依法必须进行招标的项目，自招标文件开始发出之日起至投标人提交投标文件截止之日止，最短不得少于20日。

2. 工程项目招标的方式

● 公开招标：也称无限竞争性招标，是指招标人或招标代理机构以招标公告的方式邀请不特定的法人或者其他组织投标。

● 竞争性谈判：是指招标人或招标代理机构以投标邀请书的方式邀请三家以上特定的法人或者其他组织直接进行合同谈判。一般在用户有紧急需要，或者由于技术复杂而不能规定详细规格和具体要求时采用。

● 询价采购：也称货比三家，是指招标人或招标代理机构以询价通知书的方式邀请三家以上特定的法人或者其他组织进行报价，通过对报价进行比较来确定中标人。询价采购是一种简单快速的采购方式，一般在采购货物的规格、标准统一、货源充足且价格变化幅度小时采用。

● 单一来源采购：是指招标人或招标代理机构以单一来源采购邀请函的方式邀请生产、销售垄断性产品的法人或其他组织直接进行价格谈判。单一来源采购是一种非竞争性采购，一般适用于独家生产经营、无法形成比较和竞争的产品。

21

3.工程项目投标的基本概念

• 综合布线系统工程投标:通常是指系统集成施工单位(一般称为投标人)在获得了招标人工程建设项目的招标信息后,通过分析招标文件,迅速而有针对性的编写投标文件,参与竞标的一种经济行为。

• 投标人及其资格:投标人是响应招标、参加投标竞争的法人或者其他组织,投标人应当具备承担招标项目的能力,并且具备招标文件规定的资格条件,投标人的资质证明文件应当使用原件或投标单位盖章后生效。

4.分析招标文件

招标文件是编制投标文件的主要依据,投标人必须对招标文件进行仔细研究,重点注意以下几个方面:

①招标技术要求,该部分是投标人核准工程量、制订施工方案、估算工程总造价的重要依据,对其中建筑物设计图样、工程量、布线系统等级、布线产品档次等内容必须进行分析,做到心中有数。

②招标商务要求,主要研究投标人须知、合同条件、开标、评标和定标的原则和方式等内容。

③通过对招标文件的研究和分析,投标人可以核准项目工程量,并且制订施工方案,完成了投标文件编制的重要工作。

5.编制投标文件

投标人应当严格按照招标文件的要求编制投标文件,并对招标文件提出的实质性要求和条件作出响应。投标文件的编制及内容主要包括以下方面(如何讲解这几个方面):

(1)研究招标文件关注点

①承包者的责任和报价范围,以避免在报价中发生遗漏;

②各项技术要求;

③工程中需使用的特殊材料和设备,避免失误;

④招标文件中有哪些需要招标方澄清的问题。

(2)工程现场考察内容

工程现场考察内容是投标前的一项重要准备工作。在现场考察前对招标文件中所提出的范围、条款、建筑设计图纸和说明认真阅读、仔细研究。现场考察应重点调查了解以下情况:

①建筑物施工情况;

②工地及周边环境、电力等情况;

③本工程与其他工程间的关系;

④工地附近住宿及加工条件。

(3)复核工程量

如招标工程是固定总价合同的,投标方对招标方提供的工程量清单要认真与图纸进行核对。根据招标文件规定是否允许调整工程量,作出正确的处理。对计算工程量的要求如下:

①严格按照计算顺序进行,避免漏算或错算;

②严格按设计图纸标明的尺寸、数据计算;

③在计算中要结合投标方编制的施工方案或施工方法;

④认真进行复核检查。

(4)编制施工规划

施工规划一般包括工程进度计划和施工方案两个内容。

编制工程进度计划的要求是:总工期必须符合招标文件的要求,如果合同要求分期分批竣工交付使用,应标明分期交付的时间和分批交付的数量。

编制施工方案的要求是:工期要求、技术要求、质量要求、安全要求、成本要求等五个方面综合考虑。

(5)计算工程报价费用和确定投标价格

报价应进行单价、利润和成本分析,并选定定额与确定费率,投标的报价应取在适中的水平,一般应考虑综合布线系统的等级、产品的档次及配置量。工程报价可包括以下方面:

- 设备与主材价格(根据器材清单计算)
- 工程安装调测费(根据相关预算定额取定)
- 工程其他费用(包括总包费、设计费、培训费等)
- 预备费
- 优惠价格
- 工程总价

总之,在做工程投资计算时可参照厂家对产品的报价及有关建设、通信、广电行业所制订的工程量、预算定额进行编制和作出工程投资估算汇总。

 ## 1.2.7　签订综合布线工程合同

1.编写合同

合同内应包括完整的工作规范,如材料和完工日期;也应包含法律概念,如免责条款确保双方对自己的行动负责;还应该包含保护双方免受灾难性事故打击的条款,如天气等不可抗力。合同中通常可包含以下内容:

- 材料清单
- 详细的工程描述
- 角色和责任
- 分包商
- 工程进度表
- 支付方式

- 保证金
- 奖惩计划

2. 合同的修订和签署

当合同编写好后,合同双方会针对合同的条款和语言进行协商谈判,当所有的谈判结束后必须修订合同以反映双方达成一致的更改。双方必须详细的审核合同,将各自的目的准确的表述在书面的合同文件中。如果在工程进展中合同发生了变化,应编写合同修正案,修正案必须是经双方同意并签字的。

3. 工程规划和材料订购

(1)工程规划

①选择项目经理和监督人员;

②选择项目组成员;

③确定和安排分包商;

④建立材料交货制度;

⑤为废料处理做好准备。

(2)材料订购。

购货订单应包括以下项目:

①材料的描述;

②制造商的部件号码;

③数量和价格;

④交货日期;

⑤交货位置。

 【小结】

通过本节的学习,我们掌握了综合布线系统和计算机网络的联系;具备了对综合布线系统进行用户需求的能力,并编写相应的需求文档;全面掌握了如何对综合布线工程进行招投标,并能编写招投标文件,鉴定综合布线招投标合同。

【习题】

(1)目前综合布线系统常用的拓扑结构有哪些?

(2)详细说明综合布线系统的 6 个子系统与局域网的联系。

(3)综合布线系统的用户需求分析包含哪些步骤,请详细说明。

(4)在综合布线系统中,怎样对用户信息的需求量进行合理估算?

模块 1 学习自评表

知识目标评价表

任　务	知识目标	了　解	理　解	掌　握
任务 1	智能建筑的组成			
	综合布线系统的结构和组成			
	综合布线系统的设计等级			
	综合布线系统的标准			
	综合布线系统的应用			
	综合布线系统的发展趋势			
任务 2	综合布线系统与网络的联系			
	综合布线系统用户需求分析			
	综合布线系统招投标			
	综合布线工程合同			

能力目标评价表

能　力	未掌握	基本掌握	能应用	能熟练应用
绘制综合布线系统结构图				
估算用户信息需求量				
编写用户需求文档				
编写综合布线系统招标文件				
编写综合布线系统投标文件				
签订综合布线工程合同				

网络传输介质

【模块目标】

◆ 掌握双胶线的种类、型号及主要参数

◆ 了解同轴电缆的种类、型号及主要参数

◆ 理解光纤的特点、分类及参数

◆ 了解无线传输技术及标准

任务1 认识和选用双绞线

【情景设置】

某中职学校因计算机系学生人数增加,原机房数已经不能满足一体化教学需求,学校决定再添置一间机房,以保证教学需求。机房布线设计采用双绞线布线,请你帮助合理选择双绞线。

2.1.1 认识双绞线

1.双绞线的结构

双绞线的英文名字叫 Twist-Pair,是综合布线工程中最常用的一种传输介质。

双绞线采用了一对互相绝缘的金属导线互相绞合的方式来抵御一部分外界电磁波干扰。把两根绝缘的铜导线按一定密度互相绞在一起,可以降低信号干扰的程度,每一根导线在传输中辐射的电波会被另一根线上发出的电波抵消。"双绞线"的名字也是由此而来。双绞线一般由两根 22～26 号绝缘铜导线相互缠绕而成,实际使用时,双绞线是由多对双绞线一起包在一个绝缘电缆套管里的。典型的双绞线有 4 对的,也有更多对双绞线放在一个电缆套管里的。这些我们称之为双绞线电缆。在双绞线电缆(也称双扭线电缆)内,不同线对具有不同的扭绞长度,一般地说,扭绞长度在 14～38.1 cm,按逆时针方向扭绞。相临线对的扭绞长度在12.7 cm以上,一般扭线的越密越大其抗干扰能力就越强,与其他传输介质相比,双绞线在传输距离,信道宽度和数据传输速度等方面均受到一定限制,但价格较为低廉。双绞线的结构示意图如图 2.1 所示。

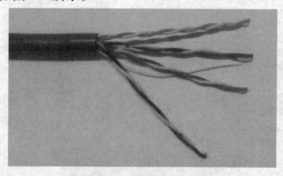

图2.1　双绞线的结构

2.双绞线的分类、特点

(1)按照屏蔽层的有无分类

双绞线分为屏蔽双绞线(Shielded Twisted Pair,STP)与非屏蔽双绞线(Unshielded Twisted Pair,UTP)。

● 屏蔽双绞线　屏蔽双绞线在双绞线与外层绝缘封套之间有一个金属屏蔽层。屏蔽双绞线分为 STP 和 FTP,STP 指每条线都有各自的屏蔽层,而 FTP 在整个电缆均有屏蔽装置,并且两端都正确接地时才起作用。所以要求整个系统是屏蔽器件,包括电缆、信息点、水晶头和配线架等,同时建筑物需要有良好的接地系统。屏蔽层可减少辐射,防止信息被窃听,也可阻止外部电磁干扰的进入,使屏蔽双绞线比同类的非屏蔽双绞线具有更高的传输速率。

● 非屏蔽双绞线　非屏蔽双绞线(Unshielded Twisted Pair,UTP)是一种数据传输线,由 4 对不同颜色的传输线所组成,广泛用于以太网路和电话线中。非屏蔽双绞线电缆最早在 1881 年被用于贝尔发明的电话系统中。1900 年美国的电话线网络亦主要由 UTP 所组成,由电话公司所拥有。

(2)按照线径粗细分类

● 一类线　一类线主要用于语音传输(一类标准主要用于 20 世纪 80 年代初之前的电话线缆),不同于数据传输。

● 二类线　传输频率为 1 MHz,用于语音传输和最高传输速率 4 Mbit/s 的数据传输,常见于使用 4 Mbps 规范令牌传递协议的旧的令牌网。

● 三类线　这是目前在 ANSI 和 EIA/TIA568 标准中指定的电缆,该电缆的传输频率 16 MHz,用于语音传输及最高传输速率为 10 Mbit/s 的数据传输主要用于 10BASE-T。

● 四类线　该类电缆的传输频率为 20 MHz,用于语音传输和最高传输速率 16 Mbit/s 的数据传输主要用于基于令牌的局域网和 10BASE-T/100BASE-T。

● 五类线　该类电缆增加了绕线密度,外套一种高质量的绝缘材料,传输率为 100 MHz,用于语音传输和最高传输速率 10 Mbit/s 的数据传输,主要用于 100BASE-T 和 10BASE-T 网络。这是最常用的以太网电缆。

● 超五类线　超五类具有衰减小,串扰少,并且具有更高的衰减与串扰的比值(ACR)和信噪比(Structural Return Loss)、更小的时延误差,性能得到很大提高。超五类线主要用于千兆位以太网(1 000 Mbit/s)。

● 六类线　该类电缆的传输频率为 1～250 MHz,六类布线系统在 200 MHz 时综合衰减串扰比(PS-ACR)应该有较大的余量,它提供两倍于超五类的带宽。六类布线的传输性能远远高于超五类标准,最适用于传输速率高于 1 Gbit/s 的应用。六类与超五类的一个重要的不同点在于:改善了在串扰以及回波损耗方面的性能,对于新一代全双工的高速网络应用而言,优良的回波损耗性能是极重要的。六类标准中取消了基本链路模型,布线标准采用星形的拓扑结构,要求的布线距离为:永久链路的长度不能超过 90 m,信道长度不能超过 100 m。

● 超六类双绞线　超六类双绞线主要用于千兆以太网中,传输带宽为 500 MHz,最大传输速率为 1 000 Mbit/s,与六类双绞线比在串扰、衰减等方面有较大的改善。

● 七类双绞线　七类双绞线是线对屏蔽的 S/FTP 电缆,它有效地抑制了线对之间的串扰,使在同一电缆中实现多种应用成为可能。七类双绞线的传输带宽为 600 MHz,最大传输速率为 10 Gbit/s,主要应用于万兆以太网。

3.双绞线的主要电气性能指标

● 特性阻抗　特性阻抗指链路在规定工作频率范围内呈现的电阻。无论使用何种双绞线,其每对芯线的特性阻抗在整个工作带宽范围内应保持恒定、均匀。链路上任何点阻抗不连续性将导致该链路信号发生畸变。

特性阻抗包括电阻及频率范围内的感性阻抗,与线对间的距离及绝缘体的电气性能有关。双绞线的特性阻抗有 100 Ω、120 Ω 和 150 Ω 几种,综合布线中通常使用 100 Ω 的双绞线。

● 直流环路电阻　双绞线电缆中每个线对的直流电阻在 20~30 ℃ 的环境下,其最大值不超过 30 Ω。

● 衰减　衰减(A,Attenuation)是指信号传输时在一定长度的线缆中的损耗,它是对信号损失的度量。衰减的计算公式是 10×1 g(信号的输入功率/信号的输出功率),单位为分贝(dB),应尽量得到低分贝值的衰减。

衰减与线缆的长度有关,长度增加,信号衰减随之增加,同时衰减量与频率有关。在计算机网络中,任何传输介质都存在信号衰减问题,要保证信号被识别,必须保证电缆的信号衰减在规定的范围内,因此必须限制电缆的长度。双绞线的传输距离一般不超过 100 m。

● 近端串扰　当信号在双绞线的一个线对上传输时,在其线对上会产生感生信号,从而对其他线对的正常传输造成干扰。串扰就是指一对线对另一对线的影响程度。测量串扰时,通常在一个线对发送已知信号,在另一个线对测试所产生感生信号的大小,如果在信号输入端测试,得到的是近端串扰(Near End Cross Talk,NEXT),如图 2.2 所示;如果在信号输出端测试,得到的是远端串扰。

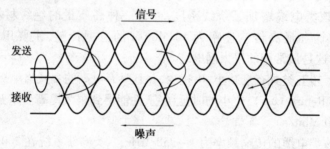

图 2.2　近端串扰

近端串扰的计算公式为 10×1 g(输入信号的功率/测试噪声的功率),单位为分别(dB),应尽量得到高分贝值的近端串扰。

● 相邻线对综合近端串扰　相邻线对综合近端串扰(Power Sum NEXT,PSNEXT)是指 4 对线缆中的 3 对传输信号时,对另一对线缆的近端串扰的组合。

● 远端串扰　远端串扰(Far End Cross Talk,FEXT)是信号从近端发出,而在链路的另一端(远端),发送信号的线对向其他同侧相邻线对通过电磁耦合而造成的串扰。

● 等效远端串扰　等效远端串扰(Equal Level FEXT,ELFEXT)是传输端的干扰信号对相邻线对在远端所产生的串扰,是考虑衰减后的 FEXT,即等效远端 = 远端串扰 - 衰减。

● 综合等效远端串扰　综合等效远端串扰(Equal Level FEXT,PSELFEXT)是传送端的干扰信号对相邻线对在远端所产生的串扰,是考虑衰减后的 FEXT,即等效远端串扰 = 远端串扰 - 衰减。

● 衰减串扰比　衰减串扰比(ACR)也称信噪比,是在某一频率上测得的串扰与衰减的差。

- 综合衰减串扰比　综合衰减串扰比（PSACR）表征了4对线缆中的3对传输信号时，对另一对线缆所产生的综合影响。
- 回波损耗　回波损耗（RL），又称为反射损耗，是电缆链路由于阻抗不匹配所产生的反射，是一对线自身的反射。不匹配主要发生在连接器的地方，但也可能发生于电缆中特性阻抗发生变化的地方，所以施工的质量是提高回波损耗的关键。回波损耗将引入信号的波动，返回的信号将被双工的千兆网误认为是收到的信号而产生混乱。
- 传播时延　传输时延（T）是指信号从信道的一端传送到信道的另一端所需要的时间。
- 延迟偏离　延迟偏离是指最短的传输延迟线对和其他线对间的差别。

4.双绞线的选购

（1）看
- 看包装箱质地和印刷。仔细查看线缆的箱体，包装是否完好，假货在这方面是能省就省的，所以外包装质量可以决定用户的第一感觉。真品双绞线的包装纸箱，从材料质地到文字印刷都应当相当不错，纸板挺括边缘清晰，而且许多厂家还在产品外包装上贴上了防伪标志。
- 看外皮颜色及标识。双绞线绝缘皮上应当印有诸如厂商产地、执行标准、产品类别（如CAT5e、C6T等）、线长标志之类的字样。
- 看绞合密度。为了降低信号的干扰，双绞线电缆中的每一线对都以逆时针方向相互绞合（也称扭绕）而成，同一电缆中的不同线对也具有不同的绞合度。除线对的两条绝缘铜导线要按要求进行绞合外，电缆中的线对之间也要按逆时针方向进行绞合。如果绞合密度不符合技术要求，将由于电缆电阻的不匹配，导致较为严重的近端串扰，从而缩短传输距离、降低传输速率。如果发现电缆中所有线对的扭绕密度相同，或线对的扭绕密度不符合技术要求，或线对的扭绕方向不符合要求，均可判定为伪品。
- 看导线颜色。剥开双绞线的外层胶皮后，可以看到里面由颜色不同的4对8根细线，依次为橙、绿、蓝、棕，每一对线中有一根色线和一根混色线组成。需要注意的是，这些颜色绝对不是后来用染料染上去的，而是使用相应的塑料制成的。没有颜色、颜色不清或染色的网线，肯定不是真线。
- 看阻燃情况。为了避免受高温或起火而导致线缆的燃烧和损坏，双绞线最外面的一层包皮除应具有很好的抗拉特性外，还应具有阻燃性。正品网线的外皮会在焰火的烧烤之下，逐步被熔化变形，但外皮肯定不会自己燃烧。不阻燃的线肯定不是真品。

（2）摸
- 在通常的情况下也可以通过手指触摸双绞线的外皮来做最初的判断。假线为节省成本，采用低劣的线材，手感发黏，有一定的停滞感，质量很差。真线手感舒服，外皮光滑。
- 用手捏一捏线体，手感应当饱满。线缆还应当可以随意弯曲，以方便布线。考虑到网线在布线时经常需要弯曲，许多正规厂商在制作网线都给外皮留有了一定的伸展性，以保证网线在弯曲时不受损伤。因此，双手用力拉正规网线时，发现外皮都具有伸展性。品质良好的网线在设计时考虑到布线的方便性，尽量做到很柔韧，无论怎样弯曲都很方便，而且不容易被折断。为了使双绞线在移动中不至于断线,除外皮保护层外,内部的铜芯还要具有一定的韧性。铜芯既不能太软,也不能太硬,太软或太硬都表明铜的纯度不够,将严重影响网线的电气性能。

(3)确定线缆的类型

要根据综合布线系统所包含的应用系统来确定线缆的类型。对于计算机网络和电话语音系统可以优先选择 4 对双绞线电缆,对于屏蔽要求较高的场合,可选择 4 对屏蔽双绞线;对于屏蔽要求不高的场合应尽量选择 4 对非屏蔽双绞线电缆。

(4)确定电缆的长度

要计算整座楼宇的水平布线用线量,首先要计算出每个楼层的用线量,然后对各楼层用线量进行汇总即可。

每个楼层用线量的计算公式如下:

$$C = [0.55(F+N)+6] \times M$$

其中,C 为每个楼层用线量,F 为最远的信息插座离楼层管理间的距离,N 为最近的信息插座离楼层管理间的距离,M 为每层楼的信息插座的数量,6 为端对容差(主要考虑到施工时线缆的损耗、线缆布设长度误差等因素)。

整座楼的用线量:

$$S = \sum MC$$

其中,M 为楼层数,C 为每个楼层用线量。

例:已知某一楼宇共有 6 层,每层信息点数为 20 个,每个楼层的最远信息插座离楼层管理间的距离均为 60 m,每个楼层的最近信息插座离楼层管理间的距离均为 10 m,请估算出整座楼宇的用线量。

解:根据题目要求知道:

楼层数 $M = 20$

最远点信息插座距管理间的距离 $F = 60$ m

最近点信息插座距管理间的距离 $N = 10$ m

因此,每层楼用线量 $C = [0.55(60+10)+6]$ m × 20 = 890 m

整座楼共 6 层,因此整座楼的用线量 $S = 890$ m × 6 = 5 340 m

2.1.2 制作双绞线

1. 认识水晶头

RJ-45 水晶头:之所把它称之为"水晶头",是因为它的外表晶莹透亮的原因而得名的,结构如图 2.3 所示。双绞线的两端必须都安装 RJ-45 插头,以便插在网卡、集线器(Hub)或交换机(Switch)的 RJ-45 接口上。

2. 选购要点

水晶头虽小,但在网络的重要性一点都不能小看,网络故障中就有相当一部分是因为水

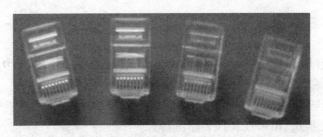

图 2.3　水晶头

晶头质量不好造成的。可以根据以下几点选择水晶头：

①标志。名牌产品在所料弹片上都有厂商的标注。

②透明度。好产品晶莹透亮，不过现在假冒产品也很透明。

③可塑性。用线钳压制时可塑性差的水晶头会发生碎裂等现象。

④弹片弹性。质量好的水晶头用手指拨动弹片会听到铮铮的声音，将弹片向前拨动到 90°，弹片也不会折断，而且会恢复原状并且弹性不会改变。将做好的水晶头插入集线设备或者网卡中的时候能听到清脆的"咔"的响声。

⑤确定数量。网络工程中，水晶头的用量的计算公式为：

$$M = N \times 4 \times 115\%$$

其中，N 为信息点的总量，M 为所需水晶头的数量。

3. 认识双绞线制作工具

压线钳又称驳线钳，用以压制水晶头的一种工具（如图 2.4 所示）。常见的电话线接头和网线接头都是用压线钳压制而成的。

图 2.4　压线钳

在双绞网线制作中，最简单的方法就只需一把网线压线钳即可。它可以完成剪线、剥线和压线 3 种用途。在购买网线钳时一定要注意以下几点：

①用于切线的两个金属刀片质量一定要好，保证切出的端口平整无毛刺。同时，两金属刀片之间的距离应适中。太大时不易剥除双绞线的胶皮，太小时则容易切断导线。

②压线端的外形尺寸应和水晶头相匹配。购买时最好准备一个标准的水晶头，将水晶头放入压线端口后应非常吻合，而且压线钳上的金属压线齿（共 8 个）以及另一侧的加固头必须准确地与水晶头相对应，不能出现错位。

③压线钳钢口要好，否则刀片容易产生缺口，压线齿也易变形。

4. 认识直通线与交叉线

（1）直通线

直通线即正线（EIA/TIA568B 标准），两端线序一样，从左至右线序是：白橙，橙，白绿，

33

蓝,白蓝,绿,白棕,棕。

(2)交叉线

交叉线即反线(EIA/TIA568A 标准),一端为正线的线序,另一端为从左至右:白绿,绿,白橙,蓝,白蓝,橙,白棕,棕。

请同学们正确选择直通线或交叉线,并完成下表(其中 PC 代表计算机,HUB 代表集线器,SWITCH 代表交换机,ROUTER 代表路由器)。

设备链接	选择正线或反线	设备链接	选择正线或反线
PC-PC	☐直通线 ☐交叉线	PC-HUB	☐直通线 ☐交叉线
PC- SWITCH	☐直通线 ☐交叉线	PC-ROUTER	☐直通线 ☐交叉线
HUB-HUB 普通口	☐直通线 ☐交叉线	HUB-HUB 级连口-级连口	☐直通线 ☐交叉线
HUB-HUB 普通口-级连口	☐直通线 ☐交叉线	HUB(级联口)-SWITCH	☐直通线 ☐交叉线
HUB-SWITCH	☐直通线 ☐交叉线	SWITCH-SWITCH	☐直通线 ☐交叉线
SWITCH-ROUTER	☐直通线 ☐交叉线	ROUTER-ROUTER	☐直通线 ☐交叉线

5.制作双绞线

(1)制作直通线

第一步:利用斜口错剪下所需要的双绞线,至少 0.6 m,最多不超过 100 m。然后再利用双绞线剥线器(实际用什么剪都可以)将双绞线的外皮除去 2~3 cm。有一些双绞线电缆上含有一条柔软的尼龙绳,如果你在剥除双绞线的外皮时,觉得裸露出的部分太短,而不利于制作 RJ-45 接头时,可以紧握双绞线外皮,再捏住尼龙线往外皮的下方剥开,就可以得到较长的裸露线。

第二步:进行拨线的操作。将裸露的双绞线中的橙色线对拨向左方,棕色线对拨向右,绿色线对拨向上方,蓝色线对拨向下方。

第三步:将绿色线对与蓝色线对放在中间位置,而橙色线对与棕色线对保持不动,即放在靠外的位置。左一:橙;左二:绿;左三:蓝;左四:棕。

第四步:小心地剥开每一对线,线对颜色是有一定顺序的(左起:白橙/橙/白绿/蓝/白蓝/绿/白棕/棕)。

第五步:将裸露出的双绞线用剪刀或斜口钳剪下只剩约 14 mm 的长度,之所以留下这个长度是为了符合 EIA/TIA 的标准。最后再将双绞线的每一根线依序放入 RJ-45 接头的引脚内,第一只引脚内应该放白橙色的线,以此类推。

第六步:确定双绞线的每根线已经正确放置之后,就可以用 RJ-45 压线钳压接 RJ-45 接头。(市面上还有一种 RJ-45 接头的保护套,可以防止接头在拉扯时造成接触不良。使用这种保护套时,需要在压接 RJ-45 接头之前就将这种胶套插在双绞线电缆上)

第七步:重复步骤二到步骤六,再制作另一端的 RJ-45 接头。

因为工作站与集线器之间是直接对接,所以另一端 RJ-45 接头的引脚接法完全一样。完成后的连接线两端的 RJ-45 接头无论引脚和颜色都完全一样。

（2）制作交叉线

制作方法和上面基本相同,只是在线序上不像 568B,采用了 1-3,2-6 交换的方式,而是一头使用 568B 制作,另外一头使用 568A 制作。

（3）制作千兆网线

千兆五类或超五类双绞线的形式与百兆网线的形式相同,也分为直通和交叉两种。直通网线与我们平时所使用的没有什么差别,都是一一对应的。但是传统的百兆网络只用到 4 根线缆来传输,而千兆网络要用到 8 根来传输。千兆交叉网线的制作与百兆不同,制作方法如下:1 对 3,2 对 6,3 对 1,4 对 7,5 对 8,6 对 2,7 对 4,8 对 5。具体线序如图 2.5 所示。

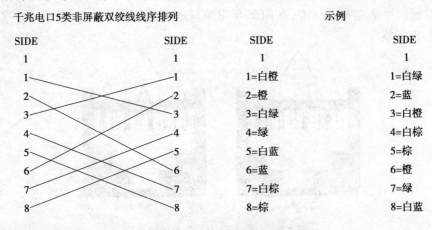

图 2.5　千兆交叉线线序

6. 测试双绞线的连通性

把水晶头的两端都做好后即可用网线测试仪进行测试,如果测试仪上 8 个指示灯都依次为绿色闪过,证明网线制作成功。

如果出现任何一个灯为红灯或黄灯或不亮,说明存在断路或者接触不良现象,此时最好先对两端水晶头再用网线钳压一次,再测。如果故障依旧,再检查一下两端芯线的排列顺序是否一样,如果不一样,剪掉排列错的一端重新按另一端芯线排列顺序制作水晶头。如果芯线顺序一样,则表明其中肯定存在对应芯线接触不好。此时,只好先剪掉一端按另一端芯线顺序重做,再测,如果故障消失,则不必重做另一端水晶头,否则还得把原来的另一端水晶头也剪掉重做,直到测试全为绿色指示灯闪过为止。

对于制作的方法不同测试仪上的指示灯亮的顺序也不同:

直通线:测试仪上的灯应该是依次顺序的亮;

交叉线:测试仪的一端顺序闪亮、另一端的闪亮顺序是 3、6、1、4、5、2、7、8。

【小结】

本节主要介绍了双绞线的结构、性能指标以及双绞线的制作方法。

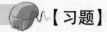【习题】

1.填空题

（1）制作双绞线的主要工具是＿＿＿＿＿＿＿＿＿＿＿＿＿＿＿＿。

（2）双绞线的制作标准有＿＿＿＿＿＿＿＿＿＿＿＿和＿＿＿＿＿＿＿＿＿＿＿＿；直通线两端都采用＿＿＿＿＿＿＿＿＿标准、交叉线一端为＿＿＿＿＿＿＿＿＿标准，另一端为＿＿＿＿＿＿＿＿＿标准。

（3）根据国际通用布线标准，在图2.6中填写线对编号和EIA/TIA568A标准和EIA/TIA568B标准的线序。

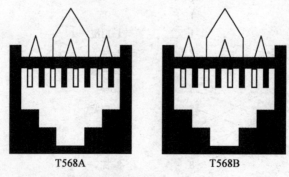

T568A   T568B

图2.6　T568A和T568B标准线序

2.问答题

（1）双绞线按照线径粗细分类有哪几类？按照是否具有屏蔽层分为哪几类？

（2）学校新建一间教学机房，学生机60台，教师机1台。请你帮助计算双绞线和水晶头各需要多少？（机房3台交换机放置在前方第一排，计算机摆放6列，每列10行。最远行距交换机13 m，最近行距交换机0.5 m）

（3）每位同学制作一根直通线、一根交叉线。

任务2　认识和选用光缆

2.2.1　认识光缆

1.光缆的结构

光纤裸纤一般分为三层：芯层—中心高折射率玻璃芯（芯径一般为50 μm或62.5 μm），包层—中间为低折射率硅玻璃包层（直径一般为125 μm），涂敷层—加强用的树脂涂层及保护套层所组成（如图2.7所示）。

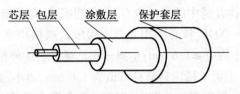

图2.7　光纤的结构

2.光缆的种类

①按光在光纤中的传输模式可分为:单模光纤和多模光纤。

● 多模光纤　中心玻璃芯较粗($50\ \mu m$或$62.5\ \mu m$),可传多种模式的光。但其模间色散较大,这就限制了传输数字信号的频率,而且随距离的增加会更加严重。因此,多模光纤传输的距离比较近,一般只有几千米。

● 单模光纤　中心玻璃芯较细(芯径一般为$9\ \mu m$或$10\ \mu m$),只能传一种模式的光。因此,其模间色散很小,适用于远程通讯,但其色度色散起主要作用,这样单模光纤对光源的谱宽和稳定性有较高的要求,即谱宽要窄,稳定性要好。

②按最佳传输频率窗口分:常规型单模光纤和色散位移型单模光纤。

● 常规型　光纤生产厂家将光纤传输频率最佳化在单一波长的光上,如1 300 nm。

● 色散位移型　光纤生产厂家将光纤传输频率最佳化在两个波长的光上,如1 300 nm和1 550 nm。

③按折射率分布情况分:突变型和渐变型光纤。

● 突变型　光纤中心芯到玻璃包层的折射率是突变的。其成本低,模间色散高,适用于短途低速通讯,如工控。但单模光纤由于模间色散很小,所以单模光纤都采用突变型。

● 渐变型光纤　光纤中心芯到玻璃包层的折射率是逐渐变小,可使高模光按正弦形式传播,这能减少模间色散,提高光纤带宽,增加传输距离,但成本较高,现在的多模光纤多为渐变型光纤。

④按照光纤的使用环境分为:室内光缆和室外光缆。

● 室内光缆的抗拉强度较小,保护层较差,但更轻便、更经济。主要用于综合布线系统中的水平干线子系统和垂直干线子系统。室内光缆又分为多用途室内光缆、分支光缆和互连光缆三种。

● 室外光缆的抗拉强度较大,保护层厚重。在综合布线系统中主要用于建筑群子系统。根据敷设方式的不同又分为架空式光缆、管道式光缆、直埋式光缆、隧道光缆和水底光缆等。

⑤按光缆中光纤芯数可以分为4,6,8,12,24,36,48,60,72,84,96,108,144 芯等。

3.光缆的性能

光缆的性能中最主要的性能是缆中光纤的性能,此外,还有光缆外径和光缆护套厚度、光缆的机械性能、光缆的环境性能、护套的机械物理性能。当光缆中有导电线芯(即该光缆含有光纤、绝缘的铜导线芯或对绞线、四线组)时,则应有导电线芯的直径、电阻、绝缘层厚度、绝缘介电强度和绝缘电阻等性能,其要求应符合 YD/T 322—1996《铜芯聚烯烃绝缘铝塑综合护套市内通信电缆》或有关标准的规定。

光缆的外径与缆的结构及缆中的光纤数有关,有的粗些,有的细些,无法规定。关于光缆外护套厚度,根据 YD/T 901—2001《核心网用光缆—层绞式通信用室外光缆》的规定,聚乙烯护套的标称值为2.0 mm,最小值应≥1.6 mm;金属—聚乙烯护套的外护套厚度标称值为1.8 mm,最小值应≥1.5 mm。包带上聚乙烯内衬套标称值为1.0 mm,最小值应≥0.8 mm。

对于 ADSS 光缆而言,根据 YD/T 980—2002《全介质自承式光缆》的规定,外护套标称厚度应≥1.5 mm,任何横截面上最小厚度应≥1.2 mm。对于单芯和双芯室内光缆而言,根据待批的替代 YD/T 898 和 YD/T 899 的 YD/T —2007《室内光缆系列》第 2 部分(单芯光缆)和第 3 部分(双芯光缆)的规定,按被覆层外径的不同,紧套光纤、松套光纤和中心管光纤的护套最小厚度为 0.2～0.4 mm、0.4～0.5 mm 和 0.8 mm。

 2.2.2　光缆的选用

光缆的选用除了根据光纤芯数和光纤种类以外,还要根据光缆的使用环境来选择光缆的外护套。

①户外用光缆直埋时,宜选用铠装光缆。架空时,可选用带两根或多根加强筋的黑色塑料外护套的光缆。

②建筑物内用的光缆在选用时应注意其阻燃、毒和烟的特性。一般在管道中或强制通风处可选用阻燃中美直达国际海底光缆,但有烟的类型(Plenum),暴露的环境中应选用阻燃、无毒和无烟的类型。

③楼内垂直布缆时,可选用层绞式光缆;水平布线时,可选用可分支光缆。

④传输距离在 2 km 以内的,可选择多模光缆,超过 2 km 可选用单模光缆。

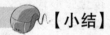

本节主要介绍光缆的结构、分类和选用。

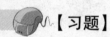

1.判断题和选择题

(1)与其他传输介质相比较,光缆的电磁绝缘性能好,信号衰变小,频带较宽,传输距离较大。(　　)

(2)下列不属于光缆测试的参数是(　　)。

A.回波损耗　　　　　　B.近端串扰　　　　　　C.衰减　　　　　　D.插入损耗

(3)在下列传输介质中,哪种传输介质的搞电磁干扰性最好?(　　)

A.双绞线　　　　　　　B.同轴电缆　　　　　　C.光纤　　　　　　D.无线介质

(4)光纤的选择原则主要有两条(　　)。

A.传输距离和容量　　　　　　　　　　　B.传输速度和容量

C.传输频率和容量　　　　　　　　　　　D.传输距离和速度

2. 填空题

目前光缆的安装方式主要有 3 种，分别是＿＿＿＿＿＿、＿＿＿＿＿＿、＿＿＿＿＿＿。

任务 3　认识无线网络

 ### 2.3.1　无线局域网的概念和特点

网络通信随着 Internet 的飞速发展，从传统的布线网络发展到了无线网络。作为无线网络之一的无线局域网 WLAN（Wireless Local Area Network），满足了人们实现移动办公的梦想，为我们创造了一个丰富多彩的自由天空。

WLAN 是利用无线通信技术在一定的局部范围内建立的网络，是计算机网络与无线通信技术相结合的产物，它以无线多址信道作为传输媒介，提供传统有线局域网 LAN 的功能，能够使用户真正实现随时、随地、随意的宽带网络接入。图 2.8 是无线局域网的一种结构示例。

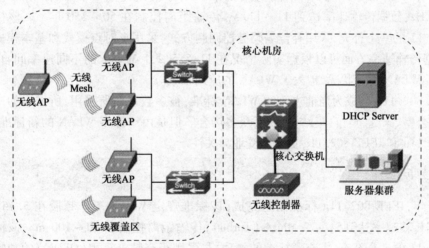

图 2.8　无线局域网示例

WLAN 的特点：WLAN 开始是作为有线局域网络的延伸而存在的，各团体、企事业单位广泛地采用了 WLAN 技术来构建其办公网络。但随着应用的进一步发展，WLAN 正逐渐从传统意义上的局域网技术发展成为"公共无线局域网"，成为国际互联网 Internet 宽带接入手段。WLAN 具有易安装、易扩展、易管理、易维护、高移动性、保密性强、抗干扰等特点。

 ### 2.3.2　无线网络的标准简介

由于 WLAN 是基于计算机网络与无线通信技术，在计算机网络结构中，逻辑链路控制

（LLC）层及其之上的应用层对不同的物理层的要求可以是相同的，也可以是不同的。因此，WLAN 标准主要是针对物理层和媒质访问控制层（MAC），涉及所使用的无线频率范围、空中接口通信协议等技术规范与技术标准。

1. IEEE 802.11

1990 年 IEEE802 标准化委员会成立 IEEE802.11WLAN 标准工作组。IEEE 802.11（别名：Wi-Fi（Wireless Fidelity）无线保真）是在 1997 年 6 月由大量的局域网以及计算机专家审定通过的标准，该标准定义物理层和媒体访问控制（MAC）规范。物理层定义了数据传输的信号特征和调制、定义了两个 RF 传输方法和一个红外线传输方法。RF 传输标准是跳频扩频和直接序列扩频，工作在 2.400 0 ~ 2.483 5 GHz 频段。

IEEE 802.11 是 IEEE 最初制定的一个无线局域网标准，主要用于解决办公室局域网和校园网中用户与用户终端的无线接入，业务主要限于数据访问，速率最高只能达到2 Mbit/s。由于它在速率和传输距离上都不能满足人们的需要，所以 IEEE 802.11 标准被IEEE 802.11b所取代了。

2. IEEE 802.11b

1999 年 9 月 IEEE 802.11b 被正式批准。该标准规定 WLAN 工作频段在 2.4 ~ 2.483 5 GHz，数据传输速率达到 11 Mbit/s，传输距离控制在 50 ~ 150 ft[*1]。该标准是对 IEEE 802.11 的一个补充，采用补偿编码键控调制方式，采用点对点模式和基本模式运作模式，在数据传输速率方面可以根据实际情况在 11,5.5,2,1 Mbit/s 的不同速率间自动切换，它改变了 WLAN 设计状况，扩大了 WLAN 的应用领域。

IEEE 802.11b 已成为当前主流的 WLAN 标准，被多数厂商所采用，所推出的产品广泛应用于办公室、家庭、宾馆、车站、机场等众多场合。但是由于许多 WLAN 的新标准的出现，IEEE 802.11a 和 IEEE 802.11g 更是备受业界关注。

3. IEEE 802.11a

1999 年，IEEE 802.11a 标准制定完成，该标准规定 WLAN 工作频段在 5.15 ~ 8.825 GHz，数据传输速率达到54 ~ 72 Mbit/s（Turbo），传输距离控制在 10 ~ 100 m。该标准也是 IEEE 802.11 的一个补充，扩充了标准的物理层，采用正交频分复用（OFDM）的独特扩频技术，采用 QFSK 调制方式，可提供 25 Mbit/s 的无线 ATM 接口和 10 Mbit/s 的以太网无线帧结构接口，支持多种业务如话音、数据和图像等。一个扇区可以接入多个用户，每个用户可带多个用户终端。

IEEE 802.11a 标准是 IEEE 802.11b 的后续标准，其设计初衷是取代 802.11b 标准，然而工作于 2.4 GHz 频带是不需要执照的，该频段属于工业、教育、医疗等专用频段，是公开的，工作于 5.15 ~ 8.825 GHz 频带需要执照的。一些公司仍没有表示对 802.11a 标准的支持，一些公司更加看好最新混合标准——802.11 g。

---

　* 1 ft = 0.304 8 m。

4. IEEE 802.11g

目前,IEEE 推出最新版本 IEEE 802.11g 认证标准,该标准提出拥有 IEEE 802.11a 的传输速率,安全性较 IEEE 802.11b 好,采用两种调制方式,含 802.11a 中采用的 OFDM 与 IEEE802.11b 中采用的 CCK,做到与 802.11a 和 802.11b 兼容。

虽然 802.11a 较适用于企业,但 WLAN 运营商为了兼顾现有 802.11b 设备投资,选用 802.11g 的可能性极大。

5. IEEE 802.11i

IEEE 802.11i 标准是结合 IEEE802.1x 中的用户端口身份验证和设备验证,对 WLAN MAC 层进行修改与整合,定义了严格的加密格式和鉴权机制,以改善 WLAN 的安全性。IEEE 802.11i 新修订标准主要包括两项内容"Wi-Fi 保护访问"(Wi-Fi Protected Access, WPA)技术和"强健安全网络"(RSN)。Wi-Fi 联盟计划采用 802.11i 标准作为 WPA 的第二个版本,并于 2004 年初开始实行。

IEEE 802.11i 标准在 WLAN 网络建设中的是相当重要的,数据的安全性是 WLAN 设备制造商和 WLAN 网络运营商应该首先考虑的头等工作。

6. IEEE 802.11e/f/h

IEEE 802.11e 标准对 WLAN MAC 层协议提出改进,以支持多媒体传输、支持所有 WLAN 无线广播接口的服务质量保证 QOS 机制。

IEEE 802.11f,定义访问节点之间的通讯,支持 IEEE 802.11 的接入点互操作协议(IAPP)。

IEEE 802.11h 用于 802.11a 的频谱管理技术。

【小结】

本节简要介绍了无线局域网(WLAN)的结构和特点,WLAN 的标准等。

【习题】

(1)WLAN 可以应用于旧楼的网络工程改造。(　　)

(2)WLAN 的抗干扰性能最好。(　　)

(3)WLAN 通讯协议是_____。

模块2　学习自评表

知识目标评价表

任　务	知识目标	了　解	理　解	掌　握
任务1	双绞线的结构			
	双绞线的分类			
	双绞线的特点			
	双绞线的电气性能指标			
	双绞线的选用			
任务2	光缆的结构			
	光缆的分类			
	光缆的选用			
任务3	无线网的基本概念			
	无线网络的特点			
	无线网络的通讯标准			

能力目标评价表

能　力	未掌握	基本掌握	能应用	能熟练应用
双绞线的选用				
水晶头的选用				
直通线的制作				
交叉线的制作				
光缆的选用				

模块3

综合布线系统设计

【模块目标】

◆ 掌握综合布线系统的总体设计

◆ 掌握综合布线系统各子系统的设计

◆ 掌握综合布线系统的其他部分设计

◆ 了解综合布线系统与建筑整体工程的配合

◆ 综合布线系统图纸设计与绘制

通过对综合布线工程的需求分析,我们已经初步确定了信息点的数目与位置,完成了对主干路由和机柜的定位。在此之后,我们需要针对招标文件和需求分析结果为客户提供一个切实可行的解决方案,在该方案中应对整个工程进行设计,说明综合布线工程施工将要包含的内容,从而形成投标文件,这是我们能否获得该工程的关键。本项目的主要目标是根据用户需求,完成综合布线工程的整体设计和各子系统的设计,完成综合布线工程的电源系统,电气防护系统和接地系统设计,同时了解相关软件的使用和计算机辅助设计的方法。

任务 1　综合布线系统的总体设计

【情景设置】

重庆市某中职学校新修建了一栋教学楼,主体工程已经完工,现在马上要进入装修阶段。其中一个项目就是针对建筑物建立一套先进的、完善的综合布线系统,主要设备包括铜缆、光缆、桥架、管道、配线架、信息插座等,以满足计算机网络通信、语音通信、各弱电系统的联网通信及网络视频传输等。招标文件已经发出,我们已经进行了需求分析,现在让我们来进行工程的总体设计。

3.1.1　设计原则

①综合布线系统的设施及管线,应纳入建筑群相应的城区的规划之中。

②综合布线系统工程在建筑改建、扩建中,要区别对待。

③综合布线系统应与大楼信息网络、通信网络、设备监控与管理等系统,统筹规划,按各自的传输要求,做到合理使用,并应符合相关标准。

④工程设计时,应根据工程的性质、功能、环境条件和维护方便,做到技术先进、经济合理。

⑤工程设计中必须选用符合国家或国际有关技术标准的定型产品。

⑥综合布线系统的工程设计,还应符合国家现行的相关强制性或推荐性标准规范的规定。

⑦综合布线系统是建筑物的基础设施,应该做到资源共享,不允许由哪一家电信经营者建设后,作为垄断的一种资源手段。

设计等级见本教材 1.1.3 节。

3.1.2　设计流程

综合布线是一项新兴的综合技术,设计合理的系统一般有 7 个步骤:

①分析用户要求。

②获取建筑物平面图。

③系统结构设计。

④布线路由设计。

⑤技术方案论证。

⑥绘制综合布线施工图。

⑦编制综合布线用料清单。

综合布线系统具体的设计流程如图 3.1 所示。

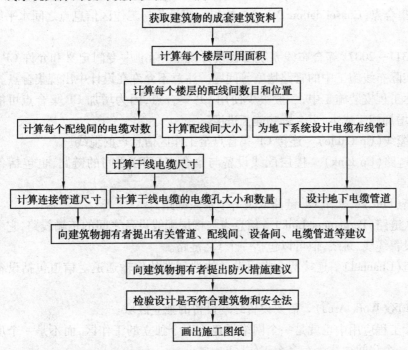

图 3.1　综合布线系统设计流程图

3.1.3　名词术语

● 布线　能够支持信息电子设备相连的各种缆线、跳线、接插软线和连接器件组成的系统。

这里的缆线既包括光缆,也包括电缆。这些都是不需要电源就能正常使用的无电源设备,因此我们常说的"综合布线系统是一个无源系统"。

● 建筑群子系统　由配线设备、建筑物之间的干线电缆或光缆、设备缆线、跳线等组成的系统。

● 建筑物配线设备(Building Distributor)　主干缆线或建筑群主干缆线终接的配线设备。

● 楼层配线设备(Floor Distributor)　电缆或者水平光缆和其他布线子系统缆线的配线设备。

● 建筑群主干光缆(Campus Backbone Cable)　建筑群内连接建筑群配线架与建筑物配线架的电缆、光缆。

● 建筑物主干缆线(Building Backbone Cable)　建筑物配线设备至楼层配线设备及建筑物内楼层配线设备之间相连接的缆线。建筑物主干缆线可为主干电缆和主干光缆。

● 建筑物入口设施(Building Entrance Facility)　相关规范机械与电气特性的连接器件,使得外部网络电缆和光缆引入建筑物内。

- 水平缆线(Horizontal Cable)　管理间配线设备到信息点之间的连接缆线。
- CP 集合点(Consolidation Point)　楼层配线设备与工作区信息点之间水平缆线路由中的连接点。

GB 50311—2007《综合布线系统工程设计规范》标准中专门定义和允许 CP 集合点,以解决工程实际布线施工中的管路堵塞等问题。注意不允许在设计中出现集合点。

在实际工程安装施工中,一般很少使用 CP 集合点,因为增加 CP 集合点可能影响工程质量,还会增加施工成本,也会影响施工进度。

- CP 缆线(Cp Cable)　连接 CP 集合点至工作区信息点的缆线。
- CP 链路(Cp Link)　楼层配线设备与集合点(CP)之间的链路,也包括各端的连接器件。
- 链路(Link)　一个 CP 链路或是一个永久链路。
- 永久链路(Permanent Link)　信息点与楼层配线设备之间的传输线路,它不包括工作区缆线和设备缆线、跳线,但可以包括一个 CP 链路。
- 信道(Channel)　连接两个应用设备的端到端的传输通道。信道包括设备缆线和工作区缆线。
- 工作区(Work Area)　需要设置终端设备的独立区域。

在实际工程应用中也就是一个网络插口为 1 个独立的工作区,而不是一个房间为 1 个工作区,在一个房间往往会有多个工作区。

- 连接器件(Connecting Hardware)　用于连接电缆线对和光纤的一个器件或一组器件。常用的电缆连接器件有 RJ-45 水晶头、鸭嘴接头,RJ-45 模块等。常用的光缆连接器件有 ST 接头、SC 接头、FC 接头等。
- 光线适配器(Optical Fiber Connector)　将两对或一对光纤连接器件进行连接的器件,业界也称为光纤耦合器。
- 信息点(Telecommunications Outlet,TO)　各类电缆或光缆终接的信息插座模块。注意这里定义的“信息点”只是安装后的模块,而不是整个信息插座,也不是信息面板。
- 设备电缆(Equipment Cable)　交换机等网络信息设备连接到配线设备的电缆。
- 跳线(Jumper)　不带连接器件或带连接器件的电缆线对,带连接器件的光纤。
- 缆线(包括电缆、光缆)(Cable)　在一个总的护套里,由一个或多个同一类型的缆线线对组成,并可包括一个总的屏蔽物。
- 光缆(Optical Cable)　由单芯或多芯光纤构成的缆线。
- 线对(Pair)　一个平衡传输线路的两个导体,一般指一个对绞的线对。
- 平衡电缆(Balanced Cable)　由一个或多个金属导体线对组成的对称电缆。
- 接插软线(Patch Calld)　一端或两端带有连接器件的软电缆或软光缆。
- 多用户信息插座(Multi-user Telecommunications Outlet)　在某一地点,若干信息插座模块的组合。

在工程实际应用中,通常为双口插座,有时为双口网络模块,有时为双口语音模块,有时为 1 口网络模块和 1 口语音模块组合成多用户信息插座。

表 3.1　综合布线工程常用符号和缩略词

GB 50311—2007		ANSI/TIA/EIA 568-A	
缩略词	含　义	缩略词	含　义
CD	建筑群配线设备	MDF	主配线架
BD	建筑物配线设备	IDF	楼层配线架
FD	楼层配线设备	IO	通信插座
TO	通信插座	TP	过渡点
CP	集合点		

【小结】

本任务学习了综合布线等级和综合布线设计流程,了解了综合布线相关名词术语,掌握了综合布线设计原则和总体设计方法。

【习题】

1. 选择题

(1)基本型综合布线系统是一种经济有效的布线方案,适用于综合布线系统中配置最低的场合,主要以(　　)作为传输介质。

　　A. 同轴电缆　　　　B. 铜质双绞线　　　　C. 大对数电缆　　　　D. 光缆

(2)有一个公司,每个工作区须要安装两个信息插座,并且要求公司局域网不仅能够支持语音/数据的应用,而且应支持图像、影像、影视、视频会议等,对于该公司应选择(　　)等级的综合布线系统。

　　A. 基本型综合布线系统　　　　　　B. 增强型综合布线系统

　　C. 综合型综合布线系统　　　　　　D. 以上都可以

(3)对于建筑物的综合布线系统,一般根据用户的需要和复杂程度,可分为 3 种不同的系统设计等级,它们是(　　)。

　　A. 基本型、增强型和综合型　　　　B. 星形、总线型和环形

　　C. 星形、总线型和树形　　　　　　D. 简单型、综合型和复杂型

(4)综合型综合布线系统适用于综合布线系统中配置标准较高的场合,一般采用的布线介质是(　　)。

　　A. 双绞线和同轴电缆　　　　　　　B. 双绞线和光纤

　　C. 光纤同轴电缆　　　　　　　　　D. 双绞线

(5)目前,中华人民共和国颁布的《建筑与建筑群综合布线系统工程设计规范》是(　　)。

　　A. GB/T 50311—2007　　　　　　　B. GB/T 50312—2007

47

C. CECS 89:97   D. YD/T 926.1～3—1997

（6）目前,中华人民共和国颁布的《建筑与建筑群综合布线系统工程验收规范》是(　　)。

A. GB/T 50311—2007   B. GB/T 50312—2007

C. CECS 89:97   D. YD/T 926.1～3—1997

（7）目前,最新的综合布线国际标准是(　　)。

A. ANSI/TIA/EIA-568-B

B. ISO/IEC 11801:2002

C. T568B

D. ANSI/TIA/EIA-568-B 和 ISO/IEC 11801:2002

2. 问答题

（1）考察你所在的宿舍楼、教学楼或住宅楼,思考该建筑物综合布线系统应采用什么样的总体结构?

（2）简述综合布线系统的设计步骤。

任务2　综合布线系统设计

【情景设置】

通过前面的准备,我们现在可以对该学校的综合布线工程进行具体设计了。下面就让我们对该工程的各个子系统进行详细设计吧。

3.2.1　工作区子系统设计

1. 工作区子系统的设计范围

在综合布线中,一个独立的需要安装终端设备的区域称为一个工作区。综合布线工作区是由终端设备、与水平子系统相连的信息插座以及连接终端设备的软跳线构成。例如,对于计算机网络来说,工作区就是由计算机、RJ-45 接口信息插座以及双绞线跳线构成的系统,对于电话语音系统来说,工作区就是由电话机、RJ-11 接口信息插座及电话软跳线构成的系统,如图 3.2 所示。

在有些情况下,终端设备需要选择适当的适配器才能连接到信息插座上。工作区适配器的选用应符合下列规定:

①设备的连接插座应与连接电缆的插头匹配,不同的插座与插头之间应加装适配器。

②当终端设备需要通过数/模块换、光/电转换、数据传输速率转换等相应装置连接综合

布线系统时,应加装适配器。

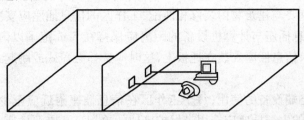

图 3.2　工作区设计

2. 工作区子系统的设计要点

工作区是综合布线系统不可缺少的一部分,根据综合布线标准及规范,对工作区子系统的设计要注意以下要点。

(1)工作区的面积

建筑物的功能类型较多,大体上可以分为商业、文化、媒体、体育、医院、学校、交通、住宅、通用工业等,因此对工作区面积的划分应根据应用的场合做具体的分析后确定。工作区面积需求可参考表 3.2 计算。

表 3.2　工作区面积参考表

建筑物类型及功能	工作区面积/m^2
网管中心、呼叫中心等终端设备较密集的场地	3 ~ 5
办公区	5 ~ 10
会议、会展	10 ~ 60
商场、生产机房、娱乐场所	20 ~ 60
体育场馆、候机室、公共设施区	20 ~ 100
工业生产区	60 ~ 200

(2)工作区的规模

工作区的设计就是要确定每个工作区内应安装信息点的数量。根据相关设计规范的要求,一般来说,每个工作区可以按每 5 ~ 10 m^2 设置一部电话或一台计算机终端,或者既有电话又有计算机终端来确定信息点的数量,也可根据用户提出的要求并结合系统的设计等级确定信息插座安装的数量和种类。除了目前的需求以外,还应考虑为将来的扩充而留出一定的余量。

(3)工作区信息插座的类型

信息插座必须具有开放性,即能兼容多种系统的设备连接要求。一般说来,工作区应安装足够的信息插座,以满足计算机、电话机、传真机、电视机等终端设备的安装使用。例如,工作区配置 RJ-45 信息插座以满足计算机连接,配置 RJ-11 信息插座以满足电话机和传真机等电话话音设备的连接,配置有线电视 CATV 插座以满足电视机的连接。

（4）工作区信息插座安装的位置

考虑到信息插座要与建筑物内装修相匹配，工作区的信息插座应安装在距离地面30 cm以上的位置，而且信息插座与计算机设备的距离应保持在 5 m 范围以内。有些建筑物装修或终端设备连接要求信息插座安装在地板上，这时应选择翻盖式或跳起式地面插座，以方面设备连接使用。

为了方面有源终端设备的使用，每个工作区在信息插座附近应至少配置一个 220 V 交流电源插座，工作区的电源插座应选用带保护接地的单相三孔电源插座，保护地线和零线严格分开。

3. 工作区子系统的设计步骤

（1）确定信息点数量

工作区信息点数量主要根据用户的具体需求来确定，对于用户不能明确信息点数量的情况，应根据工作区设计规范来确定。如果在用户对工程造价考虑不多的情况下，考虑到系统未来的可扩展性，应向用户推荐每个工作区配置两个信息点。

确定了工作区应安装的信息点数量后，信息插座的数量就很容易确定了。如果工作区配置单孔信息插座，那么信息插座数量应和信息点数量相当。如果工作区配置双孔信息插座，那么信息插座数量应为信息点数量的一半。假设信息点数量为 M，信息插座数量为 N，信息插座插孔数为 A，则应配置信息插座的计算公式为：

$$N = \mathrm{INT}(M/A)$$

式中，INT( )为向上取整函数。

考虑系统应该留有余量，因此最终应配置信息插座的总量 P 应为：

$$P = N + N \times 3\%$$

式中，N 为实际所需信息插座数量；$N \times 3\%$ 为富余量。

（2）确定信息插座的安装方式

工作区信息插座分为暗埋式和明装式两种。暗埋式的插座底盒嵌入墙面，明装方式的插座底盒直接在墙面上安装。通常情况下，新建的建筑物采用暗埋式安装信息插座，已有的建筑物增设综合布线系统，则采用明装方式安装信息插座。安装时应符合以下规范：

①安装在地面上的信息插座应此采用防水和抗压的接线盒；

②安装在墙面或柱子上的信息插座底部离地面的高度宜为 30 cm 以上；

③信息插座附近有电源插座的，信息插座应距离电源插座 30 cm 以上。

 ## 3.2.2　水平子系统的设计

1. 水平干线子系统的设计范围

水平干线子系统是综合布线的一部分（如图 3.3 所示），从工作区的信息插座延伸到楼层配线间管理子系统。水平干线子系统由与工作区信息插座相连的水平布线电缆或光缆等组成。水平子系统线缆通常沿楼层平面的地板或房间吊顶布线。

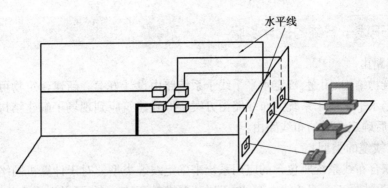

图 3.3 水平子系统

水平干线子系统的设计涉及水平布线系统的网络拓扑结构、布线路由、管槽设计、线缆类型选择、线缆长度确定、线缆布放、设备配置等内容。水平干线子系统往往需要敷设大量的线缆,因此如何配合建筑物装修进行水平布线,以及布线后如何更为方便地进行线缆的维护工作,也是设计过程中应注意考虑的问题。

2. 水平干线子系统的设计要点

(1)水平干线子系统设计基本要求

根据综合布线标准及规范要求,水平干线子系统应根据下列要求进行设计:

①根据工程提出的近期和远期终端设备的设置要求、用户性质、网络构成及实际需要,确定建筑物各层需要安装信息插座模块的数量及其位置,配线应留有扩展余地。

②根据建筑物的结构、用途,确定水平干线子系统路由设计方案。对于有吊顶的建筑物,水平走线尽可能走吊顶。一般建筑物可才用地板管道布线方法。

③水平干线子系统线缆应采用非屏蔽或屏蔽 4 对双绞线电缆,在需要时也可以采用室内多模或单模光缆。

④水平干线子系统的布线电缆长度不应超过 90 m,在能保证链路性能的情况下,水平光缆距离可适当延长。

⑤1 条 4 对双绞线电缆应全部固定终结在 1 个信息插座上,不允许将 1 条 4 对双绞线电缆终结在 2 个或更多的信息插座上。

⑥水平干线子系统的线缆一般应布设在线槽内,线缆布设数量应考虑只占用线槽截面积 70%,以方便以后线路扩充的需求。

⑦为了方便以后的线路管理,线缆布设过程中应在两端贴上标签,以标明线缆的起始和目的地。

(2)水平干线子系统的拓扑结构

水平干线子系统的网络拓扑结构通常为星形,楼层配线架 FD 为主节点,各工作区信息插座为分节点,二者之间采用独立的线路相互连接,形成以 FD 为中心,向工作区信息点辐射的星形网络。这种结构可以对楼层的线路进行集中管理,也可以通过管理间的配线设备进行线路的灵活调整,便于线路鼓掌的隔离以及故障的诊断。

3.水平干线子系统的设计步骤

（1）确定路由

根据建筑物结构、用途，确定水平干线子系统路由设计方案。新建建筑物可依据建筑施工图纸来确定水平干线子系统的布线路由方案。旧式建筑应到现场了解建结构、装修状况、管槽路由，然后确定合适的布线路由。

（2）确定线缆的类型

要根据综合布线系统所包含的应用系统来确定线缆类型。对于计算机网络和电话语音系统，可以优先选择 4 对双绞线电缆；对于屏蔽要求较高的场合，可以选择 4 对屏蔽双绞线；对于有线电视系统，应选择 75 Ω 的同轴电缆。对于要求传输速率高或保密性高的场合，应选择室内光缆作为水平布线线缆。

（3）确定线缆的长度

对于水平干线子系统线缆长度的计算，当楼层信息点的分布比较均匀时，一般方法如下：

①根据布线方式和走向测定信息插座到楼层配线架的最远和最近距离。

②确定线缆的平均长度 =（最长线缆长度 + 最短线缆长度）/2 + 3 m（3 m 为预留的线缆端接长度）。

③根据所选厂家每箱装线缆的标称长度（一般为 1 000 ft/305 m），取整计算每箱线缆可含平均长度线缆的根数。

④每个信息插座余楼层配线架之间必须布设一条线缆，因此每个插座就代表一条平均长度的线缆，根据信息插座的总量就可以计算出所需要线缆的箱数。

例如：某综合布线工程共有 400 个信息点，布点比较均匀，距离 FD 最近的信息插座布线长度为 8 m，最远插座的布线长度为 82 m，则：

线缆平均长度 =（8 + 82）/2 + 3 = 48。

每箱线可含平均长度线缆的根数 = 305/48 = 6.35。

取整，为 6 根，则共需线缆箱数 = 400/6 = 66.67

进位取整为 67 箱。

（4）订购线缆

目前市场上的双绞线电缆一般都是以箱为单位订购，一箱长度为 305 m，因此在水平干线子系统设计中，计算出所需要线缆的箱数后就可以进行线缆的订购工作。

 ### 3.2.3 垂直干线子系统的设计

1.垂直干线子系统的设计范围

 垂直干线子系统是综合布线系统中非常关键的组成部分，由设备间与楼层配线间之间的连接电缆或光缆组成（如图 3.4 所示）。垂直干线是建筑物内综合布线的主干线缆，是楼层配线间与设备间之间垂直布放（在空间较大的单层建筑物中也可水平布放）线缆的统称。

垂直干线子系统的设计与建筑设计有着密切关系,例如设计垂直干线子系统时必须确定建筑物上升部分对建筑方式(如采用上升管路、电缆竖井和上升房)和上升路由数量及其具体位置等,在某种程度上受到建筑结构和楼层平面布置的约束。

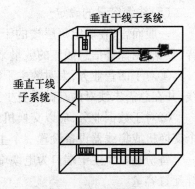

图 3.4 垂直干线系统

2. 垂直干线子系统的设计要点

根据综合布线的标准及规范,应按下列设计要点进行垂直干线子系统的设计工作。

(1)确定线缆类

应根据建筑物的结构特点以及应用系统的类型,决定所选用的垂直干线线缆类型。在垂直干线子系统设计时通常使用以下电缆:

- 4 对双绞线电缆(UTP 或 STP)
- 100 Ω 大对数电缆(UTF 或 STP)
- 62.5 μm/125 μm 多模光缆
- 8.3 μm/125 μm 单模光缆

目前,针对电话话音传输,一般采用 3 类或 5 类大对数电缆(25 对、50 对、100 对等规格);针对数据和图像传输,采用光缆或 5e 类以上 4 对双绞线电缆。在选择主干线缆时,还要考虑主干线缆的长度限制,如 5e 类以上 4 对双绞线电缆的敷设长度不宜超过 90 m,否则应选用多模或单模光缆。

(2)确定路由

干线线缆的布线走向应选择较短的安全的路由。路由的选择要根据建筑物的结构以及建筑物内预留的电缆孔、电缆井等通道位置决定。建筑物内有封闭型和开放型两种通道,宜选择带门的封闭型通道敷设干线线缆。开放型通道是指从建筑物的地下室到楼顶的一个开放空间,中间没有任何楼板隔开。封闭型通道是指一连串上下对其的空间,每层楼都有一间,电缆竖井、电缆孔、管道电缆、电缆桥架等穿过这些房间的地板层。

(3)线缆的交接

为了便于综合布线的路由管理,干线电缆、干线光缆布线的交接不应多于两次,即从楼层配线架到建筑群配线架之间只应通过一个配线架,即建筑物配线架(在设备间内)。

(4)线缆的端接

干线电缆可采用点对点端接,也可采用分支递减端接。点对点端接是最简单、最直接的配线方法,设备间的每根干线电缆直接延伸到指定的楼层配线间。分支递减端接是用一根大对数干线电缆来支持若干个楼层配线间的同型容量,经过电缆接头保护箱分出若干根小电缆,它们分别延伸到相应的楼层配线间,并终接于目的地的配线设备。

点对点端接的主要优点是可以在干线中采用较小、较轻、较灵活的电缆,不必使用昂贵的交接盒。分支递减端接的优点是干线中的主馈电缆总数较少,可以节省空间。在某些情况下,分支递减端接的成本低于点对点端接方法。

（5）线缆容量的确定

一般而言,在确定每层楼的干线类型和数量时,要根据楼层水平干线子系统所有的话音、数据、图像等信息插座的数量来计量。计算原则如下:

①对于话音业务,大对数主干电缆的对数应按每一个电话8位模块通用插座配置一对线,并在总需求线对的基础上至少预留10%的备用线对。

②对于数据业务,应以交换机或集线器群(按4个交换机或集线器组成一个群),或以每个交换机或集线器设备设置一个主干端口配置。每一群网络设备或每4个网络设备宜考虑一个备份端口。主干端口为电缆端口时,应按4对线配置容量;为光纤端口时,则按2芯光纤配置容量。

③当工作区至楼层配线间的水平光缆延伸至设备间的光配线设备(BD/CD)时,主干光缆的容量应包括所延伸的水平光缆光纤的容量。

④当楼层信息插座较少时,在规定长度范围内,可以多个楼层共用交换机,并合并计算光纤芯数。

 ## 3.2.4　管理子系统的设计

1.管理间的设计要点

管理间也可称为楼层配线间、楼层交换间,是在楼层安装配线设备和楼层计算机网络设备(主要是交换机)的场地,同时在该场地应设置竖井、等电位接地体、电源插座、UPS配电箱等设施。在场地面积满足的情况下,也可设置诸如安防、消防、建筑设备监控、无线信号覆盖等系统的布缆线槽和功能模块。如果综合布线系统与弱电系统设备合设于楼层中的同一场地,从建筑的角度出发,也可称其为弱电间。

（1）管理间的位置

管理间应尽可能靠近管理区域的中心,每个管理间的管理区域面积一般不超过1 000 m²,管理间的数量应按做管理的楼层范围及工作区面积来确定。如果该层信息点数量不大于400个,水平缆线长度在90 m范围以内,应设置一个管理间;当超出这一范围时,宜设两个或多个管理间;在每层的信息点数量数较少,且水平缆线长度不大于90 m的情况下,宜几个楼层合设一个管理间。管理间内或其紧邻处应设置电缆竖井。

（2）管理间的面积

管理间的面积不宜小于5 m²,其尺寸的确定可以参考表3.3。

表3.3　管理间面积参考表

服务区面积/m²	管理间的尺寸/m×m	服务区面积/m²	管理间的尺寸/m×m
1 000	3×3.4	500	3×2.2
800	3×2.8		

（3）管理间的设备配置和配线架端子数的计算

一般情况下，综合布线系统的配线设备和计算机网络设备采用 19 inch*¹ 标准机柜安装。机柜尺寸通常为 600 mm（宽）×900 mm（深）×2 000 mm（高），共有 42U 的安装空间。机柜内可安装光纤连接盘、RJ-45（24 口）配线模块、多线对卡接模块（100 对）、理线器、交换机等设备。在管理间内安装机柜，正面应有不小于 800 mm 的净空，背面应有不小于 600 mm 的净空。对于墙面安装（或壁挂式）的设备，其底部离地面高度应不小于 300 mm。

一般来说，垂直干线电缆或光缆的容量小，适合布置在机柜的顶部；水平干线电缆容量大，而且跳接次数相对较多，适合布置在机柜的中部，便于操作；网络设备为有源设备，布置在机柜下部。

● 水平配线区的端子数　该建筑物的某一层需要设 200 个信息插座，其中有 80 个电话出线口、120 个计算机出线口。水平干线全部采用 5e 类 4 对双绞线电缆，共 200 根。按照一般要求，水平干线的所有芯线都应连接在配线架上，该层管理间楼层配线架的水平配线区的端子数量可按照下式计算：

$$D = 4H(1+u) + 4J(1+u)$$

式中，D 为楼层配线架水平配线区的端子数；H 为电话出线口的数量；J 为计算机出线口的数量；u 为配线架上的备用量，一般取 5%～15%。

在配线架上，一般将电话端子的数据端子分别设置，故上式中的电话端子数和数据端子数分别根据配线架规格取整后相加，将例子中的数据带入上式，得出：

$$D = 4×80(1+10\%) + 4×120(1+10\%) = 352 + 528 = 375 + 550 = 925（对）（按 25 对取整）$$

由上述计算，可确定该楼层配线架水平配线区应配置 925 对端子。若在计算机出线口用 24 口 RJ-45 模块式快速配线架，则需要采用 6 个，占用 4×24×6 = 576 对线。

● 垂直干线区的端子数　楼层配线架垂直干线区的端子数应根据垂直干线的数量来确定。在本例中，用于电话垂直干线的端子数为 200 对，连接电话主干线；用于数据垂直干线的端子数为 20 对，用于连接作为数据垂直干线的 5e 类双绞线电缆；同时配置 3 对光纤连接端口，用于连接光缆。

● 网络设备的配置　本例中，网络设备的配置可考虑在 128～144 端口，即配置 5 台 24 端口和 1 台 8 端口的交换机，也可配置 6 台 24 端口的交换机。

● 管理间的供电　管理间的网络有源设备应由设备间 UPS 集中供电或单独设置 UPS，并应设置至少两个 220 V、10 A 带保护接地的单相电源插座。

● 管理间的环境　管理间应采用外开丙级防火门，门宽大约 0.7 m。管理间内的温度应为 10～35 ℃，相对湿度宜为 20%～80%。如果要安装网络设备，应符合相应的设计要求。管理间的其他环境要求与设备间相同。

2.综合布线系统管理标记方案设计

设备间和管理间是综合布线系统的线路管理区域，在该区域往往安装了大量的线缆、管

55

---

* 1 inch = 2.54 cm。

理器件及跳线,为了方便以后线路的管理工作,设备间、管理间和工作区的配线设备、线缆、信息点等设施都应按照一定的模式进行标志和记录。

(1)基本要求

①综合布线系统工程宜采用计算机进行文档记录与保存,简单且规模较小的综合布线系统工程可按照图纸资料等纸质文档进行管理,并做到记录准确、及时更新、便于查阅。

②综合布线的所有电缆、光缆、配线设备、端接点、接地装置、敷设管线等组成部分均应给定唯一的标识符,并设置标签。标识符应采用相同数量的字母和数字等标明。

③电缆和光缆的两段均应标明相同的标识符。

④设备间、管理间、进线间的配线设备宜采用统一的色标区别各类业务与用途的配线区。

⑤所有标签应保持清晰、完整,并满足使用环境要求。

⑥对于规模较大的布线系统工程,为提高布线工程维护水平与网络安全,宜采用电子配线设备对信息点或配线设备进行管理,以显示与记录配线设备的连接、使用及变更情况。

⑦综合布线系统相关设施的工作状态信息应包括设备和线缆的用途、使用部门、组成局域网的拓扑结构、传输信息速率、终端设备配置状况、占用器件编号、色标、链路与信道的功能和各项主要指标参数及完好状况、故障记录等,还应包括设备位置和线缆走向等内容。

(2)线缆标记要求

综合布线系统使用的标签可采用粘贴型和插入型。

从材料和应用的角度讲,线缆的标志,尤其是跳线的标志要求使用带有透明保护膜(带白色打印区域和透明尾部)的耐磨损、抗拉的标签材料。只有这样,线缆的弯曲变形以及经常的磨损才不会使标签脱落和字迹模糊不清。另外,套管和热缩套管也是线缆标签的很好选择。

要求在线缆的两端都进行标记。对于重要的线缆,需要每隔一段距离进行标记。另外,在维修口、接合处、接线处、接线盒等处的电缆位置也要进行标记。在同一个综合布线工程中,线缆标记应统一编码,并能反映线缆的用途和连接情况。例如,一根电缆从某建筑物三楼311房间的第一个计算机数据信息点拉至楼层管理间,则该电缆的两端可标记为"311-D1",其中"D"表示数据信息点。

(3)色彩标记

人们对色彩和图形的敏感程度远远高于对符号和文字数码的敏感,因而色彩在综合布线工程设计、施工和使用维护中都具有重要的作用。一般情况下,在设备间、管理间等地方可以看到如表3.4所示醒目的颜色,通过这些颜色可以将不同的功能或区域清晰地划分开。

表3.4　常用色彩在综合布线中的含义说明

颜　色	含　义
黄	辅助的和综合的功能,表示交换机的用户引出线
紫	公用设备 PBX、LAN(分组交换机和数据设备等)
绿	公共网连接(例如公共网络和辅助设备),表示网络接口的进线侧(比如电信局端)、网络接口的设备侧(比如总机)

续表

颜　色	含　义
白	一级主干网、干线电缆或建筑群电缆,来自干线端接点或来自设备间的干线电缆的点对点端接
灰	二级主干网,表示二级交接间连接电缆端
蓝	水平布线、工作区,比如从设备间到工作区或用户终端线路,连接交接间输入/输出服务的占线路、信息插座
棕	建筑群主干网
红	重要电话设备或为将来预留端口
橙	分界点(例如公用网接点),来自交接间多路复用器的线路

通常,在管理完善的综合布线网络中,绿色代表的"绿色场区"接至公用网;紫色代表的"紫色场区"通过"灰色场区"接至设备间,在通过配线架连接到"白色场区"至管理间(垂直干线子系统),再由配线架分线接入"蓝色场区",即水平干线子系统,最终接入工作区(工作区同样属于"蓝色场区")的信息插座。通常,相关的色区相邻位置,连接块与相关的色区相对应,相关色区与接插线相对应。

在设备间的另一端则通过"棕色场区"接至建筑群子系统(直埋式管道或架空线缆),从而引至另一幢大楼。在一般情况下,这些鲜艳的色彩主要用于设备间、管理间配线架标签和相应的跳线标签的底色。

(4)管理间和设备间的标记要求

在管理间和设备间应根据应用环用明确的中文标记来标出各个端接场。

配线架布线标记方法应按照以下规定设计:

- FD 出线　标明楼层信息点序列号和房间号;
- FD 入线　标明来自 BD 的配线架号或交换机号、缆号和芯/对数;
- BD 出线　标明去往 FD 的配线架号或交换机号、缆号;
- BD 入线　标明来自 CD 的配线架号、缆号和芯/对数(或外线引入缆号);
- CD 出线　标明去往 BD 的配线架号、缆号和芯/对数;
- CD 入线　标明由外线引入的线缆号和线序对数。

面板和配线架的标签要使用连续的标签,材料以聚酯的为好,可以满足外露的要求。由于各厂家的配线架规格不同,所留标记的宽度也不同,所留标记的宽度也不同,所以选择标签时,宽度和高度都要多加注意。配线架和面板的标记除了清晰、简洁、易懂外,还要美观。

(5)端接硬件的标记要求

在信息插座上,每个接插口位置应用中文明确标明"话音""数据""控制""光纤"等接口类型及楼层信息点序列号。信息插座的一个插孔对应一个信息点编号。信息点编号一般由楼层号、区号、设备类型代码和层内信息点序号组成。此编号将在插座标签、配线架标签和一些管理文档中使用。

(6)通达的标记要求

各种通道、线槽应有良好的明确的中文标记系统，标记的信息包括建筑物名称、建筑物位置、区号、起始点和功能等。

 ## 3.2.5 设备间子系统的设计

1. 设备间的设计范围

设备间是大楼的电话交换机设备和计算机网络设备以及建筑物配线设备（BD）安装的地点，也是进行网络管理的场所。对综合布线工程设计而言，设备间主要安装主配线设备。当信息通信设施与配线设备分别设置时，应考虑设备电缆长度限制的要求，安装主配线架的设备间与安装电话交换机及计算机主机的设备之间的距离不宜太远。

2. 设备间的设计要点

设备间子系统的设计主要考虑设备间的位置以及设备间的环境要求。具体设计要点请参考下列内容。

（1）设备间的位置

设备间的位置及大小应根据建筑物的结构、综合布线规模、管理方式以及应用系统设备的数量等进行综合考虑，择优选取。一般而言，设备间应尽量位于建筑平面及其综合布线干线综合体的中间位置。在高层建筑内，设备间也可以设置在2、3层。另外，还要注意以下问题：

①应尽量避免设在建筑物的高层或地下室，以及用水设备的下层；

②应尽量远离强振动源和强噪声源；

③应尽量避开强电磁场的干扰；

④应尽量远离有害气体源以及易腐蚀、易燃、易爆物；

⑤应便于接地装置的安装。

设计人员应与建设方协商，根据建设方的要求及现场情况具体确定设备间的最终位置。只有确定了设备间的位置后，才可以设计综合布线的其他子系统，因此在进行用户需求分析时，确定设备间的位置是一项重要的工作内容。

（2）设备间的面积

设备间的面积不应小于 $10 \ m^2$，若在设备间安装网络设备和其他的应用设备，一般不应小于 $20 \ m^2$。设备间的净高应不低于 $2.6 \ m$；楼板负荷应不少于 $500 \ N/m^2$；门的大小至少为高 $2.1 \ m$、宽 $0.9 \ m$，并外开。设备间的地面宜采用抗静电活动地板，切记铺毛质地毯；墙面宜涂阻燃漆或铺设涂防火漆的胶合板；吊顶和隔断等均应使用能耐燃的材料。住宅楼的设备间面积不应小于 $6 \ m^2$。

（3）设备间的供电

设备间的供电可以采用直接供电或不间断供电方式，也可将辅助设备由市电直接供电，程控交换机和计算机网络设备由不间断电源（UPS）供电。供电容量可按照各台设备用电量的标称值相加后再乘以 1.73，电压波动值不宜超过 10%。在设备间内应提供不少于两个

220 V/10 A带保护接地的单向电源插座。一般在新建的建筑物内,应预设电源线管道和电源插座,可以按照40个/100 m² 考虑。

设备间应有良好的接地系统,配线架和有源设备外壳(正极)宜用单独导线引至接地汇流排,当电缆从建筑物外引入时应采用过压过流保护措施。

(4)设备间的环境

● 温湿度 综合布线有关设备的温湿度要求可分为 A、B、C 3 级,设备间的温湿度也可参照这 3 个级别进行设计。3 个级别具体要求如表 3.5 所示。

表 3.5 设备间温湿度要求

项 目	A 级	B 级	C 级
温度/℃	夏季:18 ~ 26 冬季:14 ~ 22	12 ~ 30	8 ~ 35
相对湿度/%	40 ~ 60	35 ~ 70	20 ~ 80

设备间的温湿度控制可以通过安装具备降温或加温、加湿或除湿功能的空调设备来实现。选择空调设备时,南方地区主要考虑降温和除湿功能;北方地区要全方面考虑降温、升温、加湿、除湿功能。空调的功率主要根据设备间的大小及设备多少而定。

● 设备间内的电子设备对尘埃指标要求较高,尘埃过高会影响设备的正常工作,降低设备的工作寿命 设备间的尘埃标准如表 3.6 所示。

表 3.6 设备间清洁度要求

尘埃颗粒的最大直径/μm	0.5	1	3	5
灰尘颗粒的最大浓度/(粒子数·m⁻³)	1.4×10^7	7×10^5	2.4×10^5	1.3×10^5

要降低设备间的尘埃度,需要定期的清扫灰尘,工作人员进入设备间应更换干净的鞋具。

● 照明 为了方便工作人员在设备间内操作设备和维护相关的综合布线器件,设备间内必须安装足够照明度的照明系统,并配置应急照明系统。设备间内距地面 0.8 m 处,照明度不应低于 200 lx。设备间配备的事故应急照明在距地面 0.8 m 处,照明度不应低于 5 lx。

● 电磁场干扰 根据综合布线系统的要求,设备间无线电干扰的频率应在 0.15 ~ 1 000 MHz 范围内,噪声不大于 120 dB,磁场干扰场强不大于 800 A/m。

(5)设备间的设备安装

安装于设备间内的设备,其正面应有不小于 800 mm 的净空,背面应有不小于 600 mm 的净空。对于墙面安装的设备,其底部离地面应不小于 300 mm。在设计时应预留好各类进、出线的管路孔洞,以及将来扩展时所需安装配线设备各应用设备的位置。

(6)设备间的防火

为了保证设备使用安全,设备间应安装相应的消防系统,配备防火防盗门,其耐火等级必须符合《高层民用建筑设计防火规范》(GB 50045—95)中相应耐火等级的规定。在设备

间的活动地板下、吊顶上方及易燃物附近设置烟感和温感探测器,设备间内应设置二氧化碳自动灭火系统,并备有手提式二氧化碳灭火器,禁止使用水、干粉或泡沫等易产生二次破坏的灭火器。为了发生火灾或意外事故时方便设备间工作人员迅速向外疏散,对于规模较大的建筑物,在设备间或机房应设置直通室外的安全出口。

3.2.6 建筑群子系统的设计

1.建筑群子系统的设计范围

建筑群子系统主要应用于多幢建筑物组成的建筑群综合布线场合,单幢建筑物的综合布线系统可以不考虑建筑群子系统。建筑群子系统的设计主要考虑布线路由选择、线缆选择、线缆布线方式等内容,其工程范围的特点与其他子系统有所不同,主要特点如下:

①建筑群子系统中除建筑群配线架等设备装在室内外,其他所有设施都在室外。因此,其客观环境和建设条件都比较复杂,易受外界干扰,工程范围大,技术要求高。

②由于综合布线系统必须与外接通信联系,需通过建筑群子系统与公用通信网络连成整体,因此,建筑群子系统是公用通信网的一个组成部分,它的技术要求与公用通信网相同,必须保证整个通信网的传输质量。

③建筑群子系统主要是室外布线,建在公用道路或小区内,所以其通信线路的建设原则、工艺要求、技术指标以及与其他管理线之间的综合协调等,应与城市中市区街坊的通信线路要求相同,都必须执行本地网通信线路的有关标准规定。

④建筑群子系统的通信线路是公用管线基础设施之一,其建设计划应纳入相应的总体建设规划。例如,通信线路的分布应符合所在地区的城市建设规划和小区总平面布置要求,符合有关部门的规定,以求通信线路建成后能长期稳定、安全、可靠的正常运行。

⑤在已建成或正在建的小区内,如已有地下通信电缆管道或架空通信杆路,应尽量设法利用,与该设施的主管单位(包括公用通信网或用户自备建设的专用网)进行协商,可根据具体条件采取合理或租用等方式,避免重复建设,节省工程建设造价。

⑥建筑群子系统是建筑群体内的主干传输线路,是综合布线系统的线路骨干部分,其工程质量的高低、技术性能的优劣直接影响综合布线系统的运行效果。目前,国内对于大型综合布线系统工程的室内部分较为重视,有时会忽略室外的建筑群子系统,甚至会采取分开设计或划界施工的方式,这样很可能造成工程整体分裂的不良后果。

2.建筑群子系统的设计要点

(1)考虑环境美化要求

建筑群子系统设计应充分考虑建筑群覆盖区域的整体环境美化要求,干线线缆应尽量采用地下管道或电缆沟敷设方式。如因客观原因不得不采用架空布线方式,也应尽量选用原有的已架空布设的电话线或有线电视电缆路由,以减少架空敷设的线路。

（2）考虑建筑群未来发展需要

在布线设计时，要充分考虑各建筑需要安装的信息点种类和数量，选择相对应的干线线缆以及线缆敷设方式，使综合布线系统建成后保持相对稳定，并能满足今后一定时期内新的信息业务发展需要。

（3）线缆的选择

建筑群子系统一般应选用多模或单模室外光缆，芯数不少于12芯，宜用松套型、中央束管式。当使用光缆与电信公用网连接时，应采用单模光缆，芯数应根据综合通信业务的需要来确定。建筑群子系统如果采用双绞线电缆，一般应选择高质量的大对数双绞线。当从CD至BD使用双绞线电缆时，总长度不用超过1 500 m。

（4）线缆路由的选择

考虑到节省投资，线缆路由应尽量选择距离较短、线路平直的路由。但具体的路由还要根据建筑物之间的地形或敷设条件而定。在选择路由时，应考虑原有已铺设的地下各种管道，线缆在管道内应与电力线缆分开敷设，并保持一定间距。

（5）线缆引入要求

建筑群主干电缆和光缆、公用网和专用网电缆、光缆及天线馈线等室外线缆进入建筑物时，应在进线间换成室内电缆、光缆，在室外线缆的终端处需设置入口设施，入口设施中的配线设备应按引入的电缆和光缆的容量配置。引入设备应安装必要的保护装置，以达到防雷击和接地的要求。干线线缆引入建筑物时，应以地下引入为主，如果采用架空方式，应尽量采取隐蔽方式引入。

进线间应设置管道入口，其大小应按进线间的进局管道最终容量及入口设施的最终容量设计。同时，应有足够的面积以满足多家电信业务经营者安装入口设施等设备。进线间宜在地下设置并靠近外墙，以便于线缆引入。进线间设计应符合下列规定：

①进线间应防止渗水，宜设有抽排水装置；

②进线间应与布线系统垂直竖井沟通；

③进线间应采用相应防火级别的防火门，门向外开，宽度不小于1 000 mm；

④进线间应设置防有害气体措施和通风装置，排风量按每小时不小于5次容积计算；

⑤进线间入口管道口所有布放线缆和空闲的管孔应采取放火材料封堵，做好防水处理。

（6）干线电缆

建筑群的主干电缆、主干光缆布线的交接不应多于两次，即从每幢建筑物的楼层配线架到建筑群设备间的配线架之间只应通过一个建筑物配线架。

【小结】

通过本任务的学习，我们掌握了综合布线系统设计方法，各子系统的详细设计方法和材料计算方法。

【习题】

1.选择题

(1)垂直干线子系统的设计范围包括(　　　)。

    A.管理间与设备间之间的电缆

    B.信息插座与管理间配线架之间的连接电缆

    C.设备间与网络引入口之间的连接电缆

    D.主设备间与计算机主机房之间的连接电缆

(2)基本型综合布线系统是一种经济有效的布线方案,适用于综合布线系统中配置最低的场合,主要以(　　　)作为传输介质。

    A.同轴电缆　　　B.铜质双绞线　　C.大对数电缆　　D.光缆

(3)有一个公司,每个工作区需要安装两个信息插座,并且要求公司局域网不仅能够支持语音/数据的应用,而且应支持图像、影像、影视、视频会议等,对于该公司应选择(　　　)等级的综合布线系统。

    A.基本型综合布线系统　　　　　　B.增强型综合布线系统

    C.综合型综合布线系统　　　　　　D.以上都可以

(4)综合布线系统中直接与用户终端设备相连的子系统是(　　　)。

    A.工作区子系统　　B.水平子系统　　C.干线子系统　　D.管理子系统

(5)综合布线系统中安装有线路管理器件及各种公共设备,以实现对整个系统的集中管理的区域属于(　　　)。

    A.管理子系统　　　B.干线子系统　　C.设备间子系统　　D.建筑群子系统

(6)综合布线系统中用于连接两幢建筑物的子系统是(　　　)。

    A.管理子系统　　　B.干线子系统　　C.设备间子系统　　D.建筑群子系统

(7)综合布线系统中用于连接楼层配线间和设备间的子系统是(　　　)。

    A.工作区子系统　　B.水平子系统　　C.干线子系统　　D.管理子系统

(8)综合布线系统中用于连接信息插座与楼层配线间的子系统是(　　　)。

    A.工作区子系统　　B.水平子系统　　C.干线子系统　　D.管理子系统

(9)工作区子系统所指的范围是(　　　)。

    A.信息插座到楼层配线架　　　　　B.信息插座到主配线架

    C.信息插座到用户终端　　　　　　D.信息插座到电脑

(10)水平布线子系统也称作水平子系统,其设计范围是指(　　　)。

    A.信息插座到楼层配线架　　　　　B.信息插座到主配线架

    C.信息插座到用户终端　　　　　　D.信息插座到服务器

(11)管理子系统由(　　　)组成。

    A.配线架和标志系统　　　　　　　B.配线架、跳线和标志系统

    C.信息插座和标志系统　　　　　　D.配线架和信息插座

(12)(　　　)是安放通信设备的场所,也是线路管理维护的集中点。

A. 交接间　　　　B. 设备间　　　　C. 配线间　　　　D. 工作区

（13）配线电缆的长度不可超过（　　）m。

　　A. 80　　　　　B. 100　　　　　C. 85　　　　　D. 90

（14）电缆通常以箱为单位进行订购，每箱电缆的长度是（　　）m。

　　A. 305　　　　B. 500　　　　　C. 1 000　　　　D. 1 024

2. 问答题

（1）某综合布线工程共有 500 个信息点，布点比较均匀，距离 FD 最近的信息插座布线长度为 12 m，最远插座的布线长度为 80 m，该综合布线工程水平干线子系统使用 6 类双绞线电缆，则需要购买双绞线多少箱（305 m/箱）？

（2）建筑物的某一层需要设 200 个信息插座，其中 100 个电话出线口，100 个计算机出线口，水平配线全部采用 5e 类 4 对双绞线电缆，共 200 根。水平配线的所有芯线都应连接在配线架上，试确定该层管理间楼层配线架的水平配线区端子数量，画出该管理间布线机柜的配置示意图。

（3）建筑群子系统有哪些布线方法？应如何选用？

（4）对于新建建筑物，水平干线子系统有哪些布线方法？应如何选用？

（5）对于旧建筑物的信息化改造，水平干线子系统有哪些布线方法？应如何选用？

（6）垂直干线子系统有哪些布线方法？应如何选用？

任务 3　电源和电气防护系统的设计

【情景设置】

前面我们对该工程的 6 个子系统进行了全面的设计，可是随着各种类型的电子信息系统在建筑物内的大量设置，各种干扰源将会影响到综合布线电缆的传输质量与安全，因此在综合布线系统设计时必须进行电气防护方面的设计。下面就让我们对该工程进行必要的电气防护系统的设计吧。

 ### 3.3.1　电源设计

1. 电力负荷等级

综合布线系统设备间和机房的电力负荷等级的选定，应根据建筑的使用性质、工作特点以及对通信安全、可靠的保证程度等因素综合考虑。计算机主机房的电力负荷等级和供电要求应按照国家标准《供配电系统设计规范》的规定执行。

2. 供电制式

目前,我国供电方式为三相四线制,单相额定电压为 220 V,三相额定电压为 380 V,应用频率均为交流 50 Hz,因此,综合布线系统中所采用设备需要电源时,都应符合这一供电制式的规定。

3. 配电方式

在综合布线系统工程的电源设计时,一般可选用以下几种供配电方式:

①如果所在地区的电网运行极为稳定,供电质量确有保证,各项技术指标能满足主机设备的用电需求,同时建筑物周围环境条件较好,没有产生电磁干扰设备,可考虑直接供电的方式,以减少投资。

②在具有两路及两路以上的交流电源供电的建筑中,宜选用能自动切换的电源设备。为保证通信设备安全、可靠运行,且计算机主机布中断工作,宜采用不间断供电设备(UPS),并配备多台设备并联运行。

③在综合布线系统工程中较常见的是直接供电和 UPS 相结合的方式。这种配电方式的优点是不仅可以减少系统间的相互干扰,有利于维护、检修,还可以减少 UPS 设备数量,降低工程建设费用。

 3.3.2 电气防护设计

1. 系统间距

综合布线电缆与附近可能产生高电平电磁干扰的电动机、店里变压器、射频应用设备等电器设备之间应保持必要的间距,并应符合下列规定:

①综合布线电缆与电力电缆的间距应符合表 3.7 所示的规定。

表 3.7　综合布线线缆和电力电缆的间距

类　别	与综合布线接近状况	最小间距/mm
380 V 电力电缆 <2 kV·A	与缆线平行敷设	130
	有一方在接地的金属线槽或钢管中	70
	双方都在接地的金属线槽或钢管中	10
380 V 电力电缆 2~5 kV·A	与缆线平行敷设	300
	有一方在接地的金属线槽或钢管中	150
	双方都在接地的金属线槽或钢管中	80
380 V 电力电缆 >5 kV·A	与缆线平行敷设	600
	有一方在接地的金属线槽或钢管中	300
	双方都在接地的金属线槽或钢管中	150

②综合布线系统线缆与配电箱、变电室、电梯机房、空调机房之间的最小净距应符合表 3.8 所示。

表 3.8　综合布线线缆和电气设备的距离

名　称	最小净距/m	名　称	最小净距/m
配电箱	1	电梯机房	2
变电室	2	空调机房	2

③墙上敷设的综合布线线缆及管线与其他管线的间距应符合表 3.9 所示的规定。

表 3.9　综合布线线缆及管线和其他管线的间距

其他管线	平行净距/mm	垂直交叉净距/mm
避雷引下线	1 000	300
保护地线	50	20
给水管	150	20
压缩空气管	150	20
热力管(不包封)	500	500
热力管(包封)	300	300
煤气管	300	20

当墙壁电缆敷设高度超过 6 000 mm 时,与避雷引下线的交叉间距应按下式计算:

$$S \geq 0.05L$$

式中,S 为交叉间距;L 为交叉处避雷引下线距地面的高度。

2.线缆和配线设备的选择

为综合布线系统选择线缆和配线设备时,应根据用户要求,并结合建筑物的环境状况来考虑。当建筑物在建或已建成但尚未投入使用时,为确定综合布线系统的选型,应测定建筑物周围环境的干扰场强度,并对系统与其他干扰源之间的距离是否符合规范要求进行摸底。根据取得的数据和资料,用规范中规定的各项指标要求进行衡量,选择合适的器件和采取相应的措施。一般应符合下列规定:

①当综合布线区域内存在的电磁干扰场强低于 3 V/m,宜采用非屏蔽电缆和非屏蔽配线设备。

②当综合布线区域内存在的电磁干扰场强高于 3 V/m,或用户对电磁兼容性有较高要求时,可采用屏蔽布线系统和光缆布线系统。光缆布线具有最佳的防电磁干扰性能,既能防电磁泄漏,也不受外界电磁干扰影响,在电磁干扰较严重的情况下,是比较理想的防电磁干扰布线系统。

③当综合布线路由上存在干扰源,且不能满足最小净距要求时,宜采用金属管线进行屏蔽,或采用屏蔽布线系统及光缆布线系统。

3. 过压保护和过流保护

在建筑群子系统设计中,经常有干线线缆从室外引入建筑物的情况,此时如果不采取必要的保护措施,干线线缆就有可能受到雷击、电源接地、感应电势等外接因素的损害,严重时还会损坏与线缆相连接的设备。

（1）过压保护

综合布线系统中的过压保护一般通过在电路中并联气体放电管保护器来实现。气体放电管保护器的陶瓷外壳内密封有两个金属电极,其间有放电间隙,并充有惰性气体。当两个电极之间的电位差超过 250 V 交流电压或 700 V 雷电浪涌电压时,气体放电管开始导通并放电,从而保护与之相连的设备。

对于低电压的防护,一般采用固态保护器,它的击穿电压为 60～90 V。一旦超过击穿电压,它可将过压引入大地,然后自动恢复原状。固态保护器通过电子电路实现保护控制,因此比气体放电管保护器反应更快,使用寿命更长。

（2）过流保护

综合布线系统中的过流保护一般通过在电路中串联过流保护器来实现。当线路出现过流时,过流保护器会自动切断电路,保护与之相连的设备综合布线系统过流保护器应选用能够自我恢复的保护器,即过流断开后能自动接通。

在一般情况下,过流保护器的电流值为 350～500 mA。在综合布线系统中,电缆上出现的电压也有可能产生大电流,从而损坏设备。在这种情况下,综合布线系统除了要采用过压保护外,还应同时安装过流保护器。

 ## 3.3.3 接地系统设计

综合布线系统中配线间、设备间内安装的设备以及从室外进入建筑内的电缆都需要进行接地处理,以保证设备的安全运行。

1. 接地类型

根据接地的作用不同,有多种接地形式,主要包括直流工作接地、交流工作接地、防雷保护接地、防静电保护接地、屏蔽接地、保护接地等。

• 直流工作接地　直流工地接地也称为信号接地,是为了确保电子设备的电路具有稳定的零电位参考点而设置的接地。

• 交流工作接地　交流工地接地是为保证电力系统和电器设备达到正常工作要求而进行的接地,220/380 V 交流电源中性点的接地即为交流工作接地。

• 防雷保护接地　防雷保护接地是为了防止电气设备收到雷电的危害而进行的接地。通过接地装置可以将雷电产生的瞬间高电压泄放到大地中,保护设备的安全。

• 防静电保护接地　防静电保护接地是为了防止可能产生或聚集静电电荷而对用电设备等进行的接地。为了防静电,设备间一般都敷设了防静电地板,地板的金属支撑架均连接了地线。

• 屏蔽接地　为了取得良好的屏蔽效果,屏蔽系统要求屏蔽电缆及屏蔽连接器件的屏蔽层连接地线。屏蔽电缆或非屏蔽电缆敷设在金属线槽或管道时,金属线槽或管道也要连接地线。

● 保护接地　保护接地是为了保证人身安全、防止间接触电而将设备的外壳部分进行接地处理。通常情况下,设备的外壳是不带电的,但发生故障时可能造成电源的供电火线与外壳能导电金属部件短路,这些金属部件或外壳就形成了带电体。如果没有良好的接地,带电体和地之间或产生很高的电位差,人不小心触到这些带电的设备外壳,就会通过人身形成电流通路,产生触电危险。因此,必须将金属外壳和大地之间作良好的电气连接,使设备的外壳和大地等电位。

2.接地要求

根据综合布线相关规范要求,接地要求如下:

①直流工作接地电阻一般要求不大于 4 Ω,交流工作接地电阻也不应大于 4 Ω,防雷保护接地电阻不应大于 10 Ω。

②建筑物内部应设有一套网状接地网络,保证所有设备共同的参考等电位。如果综合布线系统单独设置接地系统,且能保证与其他接地系统之间有足够的距离,则接地电阻值规定为小于等于 4 Ω。

③为了获得良好的接地,推荐采用联合接地方式。所谓联合接地方式,就是将防雷接地、交流工作接地、直流工作接地等统一接到共用的接地装置上。当综合布线采用联合接地系统时,通常利用建筑钢筋作防雷接地引下线,而接地体一般利用建筑物基础内钢筋网作为自然接地体,使整幢建筑的接地系统组成一个笼式的均压整体。联合接地电阻要求小于或等于 1 Ω。

④接地所使用的铜线电缆规格与接地的距离有直接关系,一般接地的距离在 30 m 以内,接地导线采用直径为 4 mm 的带绝缘套的多股铜线缆。接地铜缆规格与接地距离的关系可以参考表 3.10。

表 3.10　接地铜缆规格与接地距离的关系

接地距离/m	接地导线直径	接地导线截面积/mm²
<30	4.0	12
30～48	4.5	16
48～76	5.6	25
76～106	6.2	30
106～122	6.7	35
122～150	8.0	50
151～300	9.8	75

⑤楼层安装的各个配线柜(架、箱)应采用适当截面的绝缘铜导线单独布线至就近的等电位接地装置,铜导线的截面应符合设计要求。

⑥线缆在雷电防护区交界处,屏蔽电缆屏蔽层的两端应做等电位连接并接地。

⑦综合布线的电缆采用金属线槽(管)敷设时,金属线槽(管)应保持连续的电气连接,并应有不少于两点的良好接地。

⑧对于屏蔽布线系统接地,一般在配线设备(FD、BD、CD)的安装机柜内设有接地端子。接地端子与屏蔽模块的屏蔽罩相连通,机柜接地端子经过接地导体连至建筑物等电位接地体。

3. 接地系统组成

(1)接地线

接地线是指综合布线系统各种设备与接地母线之间的连线,所有接地线均采用界面不小于 4 mm² 的铜质绝缘导线。当综合布线系统采用屏蔽电缆布线时,信息插座的接地可以利用电缆屏蔽层作为接地线连至每层的配线柜。

(2)接地母线(层接地端子)

接地母线是水平布线与系统接地线的公用中心连接点。

每一层的楼层配线柜与本楼层接地母线相焊接,与接地母线同一配线间的所有综合布线用的金属架及接地干线均与该接地母线相焊接。接地母线采用铜母线,其最小尺寸为 6 mm(厚)×50 mm(宽),长度视工程实际需要来确定。为减小接触电阻,在将导线固定到母线之前,要对母线进行细致的清理。

(3)接地干线

接地干线是由总线地母线引出,连接所有接地母线的接地导线。考虑到建筑物的结构形式、大小以及综合布线的路由与空间配置,为与综合布线电缆干线的敷设相协调,布线系统的接地干线应安装在不受物理和机械损伤的保护处,建筑物内的水管及电缆屏蔽层不能作为接地干线使用。接地干线采用截面不小于 16 mm² 的绝缘铜芯导线。当建筑物中使用两个或多个垂直接地干线时,垂直接地干线之间每隔三层及顶层需用与接地干线等截面的绝缘导线焊接。当接地干线上的接地电位差有效值大于 1 V 时,楼层配线间应单独用接地干线接至接地母线。

(4)主线地母线(总接地端子)

一般情况下,每栋建筑物有一个主接地母线。主接地母线作为综合布线接地系统中接地干线及设备接地线的转接点,其理想位置是在进线间。接地引入线、接地干线、进线间的所有接地线以及与主接地母线在同一配线间的所有综合布线用的机架均应与主接地母线良好焊接。当外线引入电缆配有屏蔽或穿有保护管时,屏蔽层和保护管应焊接至主接地母线。主接地母线应采用铜母线,其最小截面尺寸通常为 6 ~ 100 mm²,长度可视工程实际需求而定。和接地母线相同,主接地母线也应尽量采用电镀锡以减少接触电阻。如不是电镀,则主接地母线在固定到导线前必须进行清理。

(5)接地引入线

接地引入线指主接地母线与接地体之间的接地连接线,采用 40 mm×1 mm(或 50 mm×1 mm)的镀锌扁钢。接地引入线应做绝缘防腐处理,在其出土部位采用适当的防机械损伤措施。接地引入线不宜与暖气管道同沟布放。

(6)接地体

接地体分自然接地体和人工接地体两种。当综合布线采用单独接地系统时,接地体一般采用人工接地体,并满足以下条件:

①距离工频低压交流供电系统的接地体不宜小于 10 m;

②距离建筑物防雷系统的接地体不应小于 2 m;

③接地电阻不应大于 4 Ω。

当综合布线采用联合接地系统时,一般利用建筑物基础内的钢筋网作为自然接地体,其接地电阻应小于 1 Ω。在实际应用当中通常采用联合接地系统,这是因为与单独接地系统相比,联合接地方式具有以下几个显著的优点:

①当建筑物遭受到雷击时,楼层内各点点位分布比较均匀,工作人员及设备的安全能得到较好的保障。同时,大楼的框架结构对中波磁场能提供 10 ~ 40 dB 的屏蔽效果。

②容易获得较小的接地电阻。

③可以节约材料,占地少。

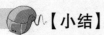

【小结】

通过本任务的学习,我们了解及掌握了有关综合布线的电源设计、电气防护设计、接地系统设计的相关知识和具体设计方法。

【习题】

1. 选择题

(1)当综合布线系统区域内存在电磁干扰场强大于(　　　)时,应采取防护措施。

  A. 2 V/m   B. 3 V/m   C. 4 V/m   D. 5 V/m

(2)室外电缆进入建筑物时,通常在入口处经过一次转接进入室内。在转接处加上电器保护设备,以避免因电缆受到雷击、感应电势或与电力线接触而给用户设备带来的损坏。这是为了满足(　　　)的需要。

  A. 屏蔽保护   B. 过流保护   C. 电气保护   D. 过压保护

(3)当综合布线工程现场存在的电磁干扰场强高于防护标准的规定或建设单位对电磁兼容有较高的安全性和保密性要求时,综合布线系统应采取屏蔽措施。这时可以根据工程环境电磁干扰的强弱,采取(　　　)个不同层次的屏蔽措施。

  A. 3   B. 4   C. 5   D. 6

(4)综合布线系统的交接间、设备间内安装的设备、机架、金属线管、桥架、防静电地板,以及从室外进入建筑物内的电缆等都需要(　　　),以保证设备的安全运行。

  A. 接地   B. 防火   C. 屏蔽   D. 阻燃

(5)为了获得良好的接地,推荐采用联合接地方式,接地电阻要求小于或等于(　　　)。

  A. 1 Ω   B. 2 Ω   C. 3 Ω   D. 4 Ω

2. 问答题

(1)综合布线系统的供配电方式有哪些? 应如何选用?

(2)综合布线系统的接地类型有哪些?

任务4 综合布线系统与建筑整体工程的配合

【情景设置】

通过前面的工作,我们基本上已经完成了整个工程的设计工作,可是我们在设计的时候还需要考虑和土建工程的配合才行。

3.4.1 与土建工程的配合

综合布线工程施工大体可分为两个阶段:管线系统的安装和设备间及楼层配线间的定位;线缆系统的安装。第一阶段需注意综合布线工程与土建工程,水、电、气工程,楼宇自动化工程的配合;第二阶段需注意综合布线工程与水、电、气工程,楼宇自动化工程的配合。

综合布线系统所需的设备间、楼层配线间和电缆竖井等场地及暗敷设管道系统都是建筑物的组成部分,所以在综合布线系统工程设计施工时,应与土建设计和施工紧密配合。

1.通信线路引入房屋建筑部分

综合布线系统都需要对外连接,其通信线路的进入方式应采用地下管道引入,以保证通信安全可靠和便于今后维护管理(包括直埋电缆或直埋光缆穿管引入方式),具体配合的主要内容有以下两个方面。

第一,综合布线系统通信线路的地下管道引入房屋建筑的路由和位置,应与房屋建筑设计单位协商决定。它是由房屋的建筑结构和平面布置、建筑物配线架的装设位置、与其他管线之间有无互相影响或矛盾等因素综合考虑的。如地下管道引入部分有可能承受房屋建筑的压力时,应建议在房屋建筑设计中改变技术方案或另选路由及位置,也可建议采用钢筋混凝土过梁或钢管等方式,以解决通信线路免受压力的问题。

第二,引入管道的管孔数量或预留洞孔尺寸除满足正常使用需要外,应适当考虑备用量,以便今后发展,要求建筑设计中必须考虑。为了保证通信安全和有利于维护管理,要求建筑设计和施工单位在引入管道或预留洞孔的四周,应做好防水防潮等技术措施,以免污水和潮气进入房屋。为此,空闲的管道管孔或预留洞孔及其四周都应使用防水材料和水泥砂浆密封堵严。这部分施工应与房屋建筑施工同步进行,以保证工程的整体性,提高工程质量和施工效率。

2.设备间部分

建筑物配线架均设于专用设备间内,它是综合布线系统中的枢纽部分。在设备间的有关设计和施工应注意以下几点:

第一,在综合布线系统工程设计时,对于设备间的设置及其位置,可考虑与其他系统配套安装保安设备的房间合用,以节省房间面积和减少线路长度,但要求各个系统安装主机的房间在建筑设计中尽量邻近安排。如果是综合布线系统专用的设备间,要求建筑设计中将其位置尽量安排在邻近引入管道和电缆竖井处,以减少建筑中的管道长度,保证不超过综合布线系统规定的电缆或光缆最大距离。同时要求建筑设计中对通信线路的路由选择要合理,如果过多的经过走廊或过厅等公共场所或其他房间,不但会增加工程建设造价,也不利于安装施工和维护管理。

第二,设备间的面积应根据室内所有通信线路设备的数量、规格尺寸和网络结构等因素综合考虑,并留有一定的人员操作和活动面积,一般不大于 $10~m^2$。

第三,在设备间内不得有煤气管、上下水管等管线,以免对通信设备发生危害,在建筑设计中必须考虑。其他如光线、相对湿度、温度、防火和防尘要求以及交流电源等,都需向建筑设计单位提出建设标准的具体内容,以满足通信需要,这些工艺要求在综合布线系统设计中都要开来,并及时与建筑设计单位协商,以便配合。

3.建筑物主干布线部分

综合布线系统的建筑物主干布线部分的线缆从建筑物的低层向上垂直敷设到顶层,形成垂直的主干布线,一般采取在上升管路(槽道)、电缆竖井和上升房等辅助设施中敷设或安装。上升管路(槽道)、电缆竖井和上升房的大小及防火等工艺要求,应与综合布线系统设计相互配合,共同研究确定。如综合布线系统的主干部分线缆利用其他管线竖井敷设,应与电缆竖井合设的其他管线单位综合协商,决定具体安装位置等事宜。

4.楼层水平布线部分

水平布线分布在建筑物中的各个楼层,几乎覆盖各个楼层的整个面积,它是综合布线系统中最为烦琐、复杂,但非常重要的部分,具有分布较广、涉及面宽、最临近用户等特点。因此,它与建筑设计和施工常有矛盾,必须协作配合,加强协调。它涉及楼层水平布线的管路或槽道的路由。管径和槽道的规格、通信引出端的位置和数量、预留穿放线缆的洞孔尺寸大小以及各种具体安装方式等问题。此外,水平布线的敷设和楼层配线架及通信引出端的安装以及预留洞孔尺寸,都要结合所选用的设备型号和线缆规格要求,互相吻合。建筑设计和施工时除必须按照建筑规范执行外,还要考虑通信专业标准的规定,做到既能满足目前用户通信需要,又为今后发展留有余地,具有一定的兼容性和灵活性,使水平布线子系统能适应今后的变化。

3.4.2 与装潢工程的配合

当建筑物内部装潢标准较高时,尤其是在重要的公用场所(如会议厅和会客室等),综合布线工程的施工时间和安装方法必须与建筑物内部装潢工程协调配合,以免在施工过程中互相影响和干扰,甚至发生彼此损坏装饰和设备的情况。为此,在综合布线系统工程设计和施工的全过程,均应以建筑的整体为主,主动配合、协作,做到服从主体和顾全大局。

1.设计配合

综合布线系统的设计要根据建筑物的资料和装潢设计情况进行,布线设计和装潢设计之间必须经常相互沟通,使其能够紧密结合。前期配合工作的好坏将直接影响到后期施工中的配合情况。

2. 工期配合

在工程施工中,对于综合布线的工期与装潢工程的工期,应做到以下两点。

①管线系统先于装潢工程完成。要求综合布线系统比装潢工程先进入现场施工,这样能掌握主动,因为管线系统的安装可能会破坏建筑物的外观,如墙上挖洞、打钻或敷设管道等,所以这些工作在装潢工程的墙壁粉刷前完成,并尽量避免返工、修补等情况的发生。另外,在装潢工程之前完成管线系统的安装,还有利于尽早发现管线设计不合理等情况并予以解决,一时无法解决的问题还可由设计人员根据现场的施工情况进行相应的补充或修改设计方案,否则在装潢工程后就很难解决。

②设备间/配线间和工作区安装在装潢工程后完成。线缆布放到位后,一般要等到装潢工程的其他工作完成之后,特别是要在粉刷全部完工后方可进行下一步的线缆端接、配线架安装、信息插座安装等工作。如果在粉刷之前进行了线缆与信息模块的端接,那么粉刷时的石灰水等一些液体可能会浸入模块,引起质量问题,造成返工。同样,过早安装信息插座面板,会把面板弄脏,增加下一步清洁工作量。设备间和配线间的安装如果在粉刷之前完成,也会出现类似的问题,一是机柜固定后将不便于房屋的粉刷,二是粉刷过程中产生的大量粉尘会进入机柜,影响质量。

3. 设备间装潢施工的配合

设备间一般由综合布线系统设计人员设计,装潢工程人员施工。设备间的装潢除了要符合《综合布线系统工程设计规范》(GB 50311—2007)的相关要求外,还要符合《电子计算机机房设计规定》(GB 50174—93)、《计算场地技术要求》(GB 2887—2000)、《计算场站安全要求》(GB 9361—88)等标准的规定。另外,设备间的装潢设计必须考虑到综合布线涉及防火的设计与施工应依照的国内相关标准,如《高层民用建筑设计防火规范》《建筑设计防火规范》《建筑室内装修设计防火规范》等。所采用的建筑材料也要符合相关的质量规范。

设备间的装潢施工时要注意以下几点:

①室内无尘土,通风良好,要有较好的照明亮度。

②要安装符合机房规范的消防系统。

③使用防火门,墙壁使用阻燃漆。

④提供合适的门锁,至少有一个安全通道。

⑤防止可能的水害带来的灾害。

⑥防止易燃易爆物的接近和电磁场的干扰。

⑦设备间空间应保持 2.5 m 高度的无障碍空间,门高为 2.1 m,宽为 90 m,地板承重压力不能低于 500 kg/m²。

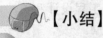 【小结】

通过本任务的设计,我们了解了综合布线工程设计和施工过程中需要和其他工程(如土建工程、装潢工程等)的配合方式和过程,使工程实施过程当中的进程能够顺利进行。

【习题】

（1）简述综合布线工程与建筑土建工程的关系。
（2）简述综合布线工程与建筑物装潢工程的关系。

任务 5 综合布线系统图纸设计与绘制

【情景设置】

在设计过程当中，我们还需要设计出系统图、施工图、机柜安装图等技术性图纸，设计时一般采用 VISIO 或 AUTO CAD 这两款软件。

图纸作用：

- 网络拓扑结构；
- 布线拓扑结构；
- 布线路由、管槽型号和规格；
- 工作区子系统中各楼层信息插座的类型和数量；
- 水平子系统的电缆型号和数量；
- 垂直干线子系统的线缆型号和数量；
- 楼层配线架（FD）、建筑物配线架（BD）、建筑群配线架（CD）、光纤互联单元的数量及分布位置；
- 机柜内配线架及网络设备分布情况。

下面我们来了解 VISIO 这款软件。

 3.5.1 绘图软件（VISIO）的使用

VISIO 作为 Microsoft office 组合软件成员，是当今最优秀的绘图软件之一，它将强大的功能和易用性完美结合，可广泛应用于电子、机械、通信、建筑、软件设计和企业管理等领域。

VISIO 能使专业人员和管理人员快捷、灵活地制作各种建筑平面图、管理机构图、网络布线图、机械设计图、工程流程图、审计图及电路图等。

图纸设计注意事项：

①图形符号必须正确。施工图设计的图形符号，首先要符合相关建筑设计标准和图集规定。

②布线路由合理正确。施工图设计了全部缆线和设备等器材的安装管道、安装路径、安装位置等，也直接决定工程项目的施工难度和成本。

③位置设计合理正确。在施工图中，对穿线管、网络插座、桥架等的位置设计要合理，符合相关标准规定。

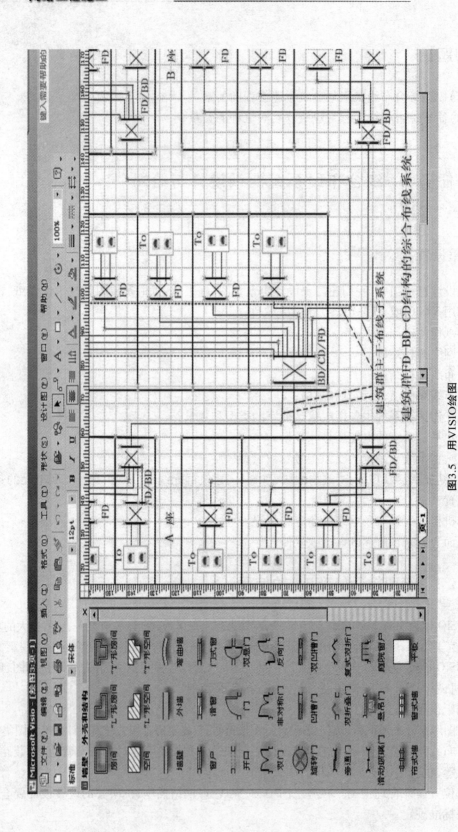

图3.5 用VISIO绘图

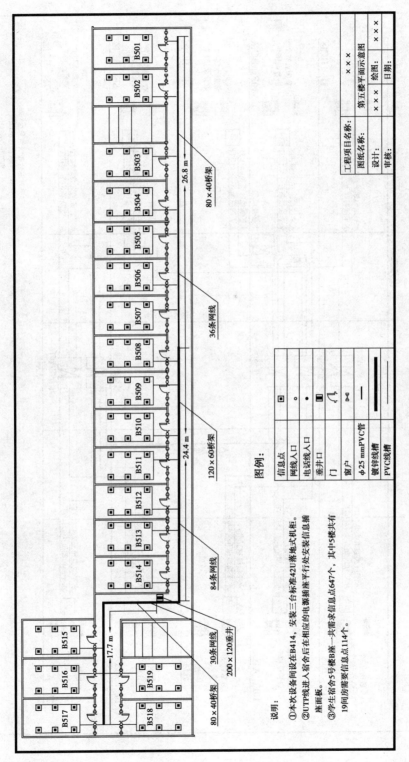

图3.6 用VISIO绘制的管线路由图

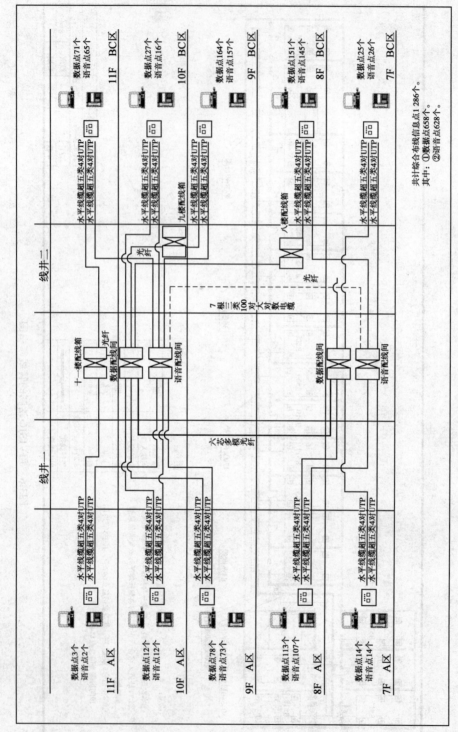

图3.7 用VISIO绘制的系统图

④说明完整。

⑤图面布局合理。

⑥标题栏完整。

图 3.5、图 3.6 和图 3.7 是用 VISIO 绘制综合布线管线同范例。

VISIO 提供对 Web 页面的支持,用户可轻松地将所制作的绘图发布到 Web 页面上。用户可在 VISIO 用户界面中直接对其他应用程序文件(Microsoft office 系列、AutoCAD 等)进行编辑和修改。

VISIO 的主要特点为:

①易用的集成环境;

②丰富的图表类型;

③直观的绘制方式。

在综合布线设计中,通常可以使用 VISIO 绘制网络拓扑图、布线系统拓扑图、信息点分布图等。

 ## 3.5.2　综合布线工程图纸

1.图纸的作用

图纸能体现以下设计情况:

①网络拓扑结构。

②布线拓扑结构。

③布线路由、管槽型号和规格。

④工作区子系统中各楼层信息插座的类型和数量。

⑤水平子系统的电缆型号和数量。

⑥垂直干线子系统的线缆型号和数量。

⑦楼层配线架(FD)、建筑物配线架(BD)、建筑群配线架(CD)、光纤互联单元的数量及分布位置。

⑧机柜内配线架及网络设备分布情况。

2.图纸的种类

综合布线工程图一般应包括以下 5 类:

- 网络拓扑结构图
- 综合布线系统拓扑(结构)图
- 综合布线管线路由图
- 楼层信息点平面分布图
- 机柜配线架信息点分布图

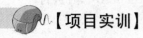【小结】

通过本任务的学习,我们了解了综合布线设计过程当中常用的绘图软件(VISIO)的功能和使用方法,了解了综合布线工程设计过程当中需要涉及的 5 种图纸的类型。

【项目实训】

1.实训目的

通过实训,掌握综合布线系统的总体设计和各子系统设计的方法,掌握综合布线工程的电源系统、电气防护系统和接地系统的设计方法,学会使用 Microsoft Visio 绘图软件。

2.实训条件

根据实际情况,以学校的办公楼、教学大楼、学生宿舍为设计目标。

3.实训内容和步骤

(1)现场勘察大楼,获取用户需求和建筑结构图等资料,掌握大楼建筑结构,确定布线路由和信息点分。

(2)总体方案设计。

(3)工作区子系统设计。

(4)水平干线子系统设计。

(5)垂直干线子系统设计。

(6)设备间子系统设计。

(7)管理间子系统设计。

(8)建筑群子系统设计。

(9)根据建筑结构图和用户需求绘制综合布线系统图、综合布线路由图、信息点分布图。

(10)编制综合布线材料、设备预算表。

模块3 学习评价表

知识目标评价表

任 务	知识目标	了 解	理 解	掌 握
任务 1	综合布线系统的总体设计			
任务 2	综合布线系统设计			
任务 3	电源和电气防护系统的设计			
任务 4	综合布线系统与建筑整体工程的配合			
任务 5	综合布线系统图纸设计与绘制			

能力目标评价表

能　　力	未掌握	基本掌握	能应用	能熟练应用
综合布线系统的总体设计事项				
综合布线系统设计方法				
电源电气和防护设计				
综合布线系统与建筑整体工程的配合				
综合布线系统图纸设计与绘制				

综合布线工程器材

【模块目标】

◆认识和选用线管、线槽、桥架

◆认识施工辅材

◆认识和选用机柜

◆认识和选用信息模块

◆认识电工与电动工具

◆认识五金工具

◆认识线缆安装工具

任务1　认识和选用综合布线工程器材

在综合布线系统中,水平干线子系统、垂直干线子系统、建筑群子系统的施工材料除线缆外,还有一个非常重要的管槽系统。管槽系统是干线布线的基础,对线缆起支撑和保护的作用,主要包括线管、线槽、桥架以及相应的附件,又分为明敷设和暗敷设方式。

 ### 4.1.1　认识和选用线管

1. 钢管

(1)钢管的种类

钢管按制造方法的不同分为无缝钢管(接缝钢管)和焊接钢管(有缝钢管)两类。无缝钢管在综合布线系统中的用量很少,常用的是焊接钢管(如图4.1所示)。按制管材质(即钢种)可分为:碳素管和合金管、不锈钢管;按管端连接方式可分为:光管(管端不带螺纹)和车丝管(管端带有螺纹);按表面镀涂特征分为:黑管(不镀涂)和镀涂层管;按用途分为:管道用管、热工设备用管、机械工业用管、石油地质钻探用管、化学工业用管、其他各部门用管等;钢管按横断面形状可分为:圆钢管和异形钢管。

图4.1　焊接钢管

(2)钢管的规格

钢管的规格较多,一般以外径(mm)为单位,综合布线工程施工中常用的有 D16、D20、D25、D32、D40、D50、D63、D110 等。

(3)钢管的特点

钢管具有机械强度高、密封性能好、抗弯、抗压、抗拉等特点,尤其具有电磁屏蔽作用。现场加工、安装都比较方便。但钢管存在管材重、价格高、易腐蚀等缺点。所以随着塑料管在机械强度、密封性、阻燃防火等性能的提高,目前在综合布线工程中电磁干扰较小的场合,钢管已被塑料管代替。

（4）钢管的附件

在钢管敷设中需要使用附件来进行分支、弯曲、大转小或小转大等。图4.2所示为部分钢管附件。

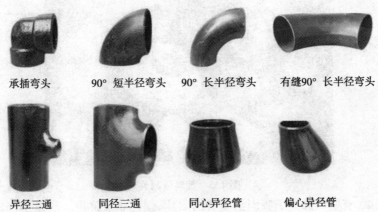

| 承插弯头 | 90°短半径弯头 | 90°长半径弯头 | 有缝90°长半径弯头 |

| 异径三通 | 同径三通 | 同心异径管 | 偏心异径管 |

图4.2 钢管附件

（5）钢管的选用

选择钢管时主要考查：外形是否椭圆，直径是否符合要求（传入线缆后，应留有约30%的空间），壁厚是否均匀，外观是否光滑，有无折叠、裂纹，最后也是最重要的，化学成分是否合格。在使用中还要注意：在承压大的场所选用厚壁钢管；在有腐蚀性地段使用时，应作防腐蚀处理。

2. 塑料管

塑料管一般是以塑料树脂为原料，加入稳定剂、润滑剂等，以"塑"的方法在制管机内经挤压加工而成。由于它具有质轻、耐腐蚀、外形美观、无不良气味、加工容易、施工方便等特点，在综合布线工程中获得了越来越广泛的应用。

（1）分类

塑料管种类很多，分为热塑性塑料管和热固性塑料管两大类。属于热塑性的有聚氯乙烯管（PVC-U），聚乙烯管（PE），聚丙烯管（PP）、聚甲醛管等；属于热固性的有酚塑料管等。

（2）特点

塑料管的主要优点是耐蚀性能好、质量轻、成型方便、加工容易，缺点是强度较低，耐热性差。

（3）附件

与塑料管安装配套的附件有：直接头、弯头、三通、垫圈、开口管卡等多种附件，如图4.3所示。

（4）选购

●看外观，如果产品外观粗糙，有成型缺陷，色泽不正，有杂质，印刷质量较差，最好不要选用。外观质量不合格的产品会影响消费者的视觉感受，同时外观是内在质量的一种反映，外观不合格的产品往往内在质量也差，影响使用。印刷质量不合格轻则影响美观，重则掉色，污染其他物品。

●闻气味，塑料制品有异嗅的主要原因是使用回收料和劣质助剂。有异嗅的产品散发的刺激性气味会危害人体的呼吸系统,最好不要选用。

图 4.3　塑料管附件

●动手试试,有些产品为了吸引消费者的眼球,颜色非常鲜艳。质量不好的深色产品在使用过程中颜料会析出,这些颜料一般都是工业颜料。消费者可以自己动手检查一下,所选择的深颜色产品是否合格:在脱脂棉球上倒少许食用醋,再接触食品面来回擦拭 100 次,如果脱脂棉球上染有颜色,说明该产品不合格。

在塑料管的选材中主要考虑管材使用的卫生性、适用性、经济因素等。

 4.1.2　认识和选用线槽

线槽是综合布线工程明敷设时广泛使用的一种材料,常用的有金属线槽和 PVC 塑料线槽两种。

1.金属线槽的结构

金属线槽由槽底和盖板组成,如图 4.4 所示。

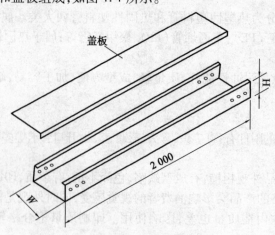

图 4.4　金属线槽

2.金属线槽的附件

金属线槽在施工中要使用各种相应尺寸的附件。图4.5给出了部分附件。

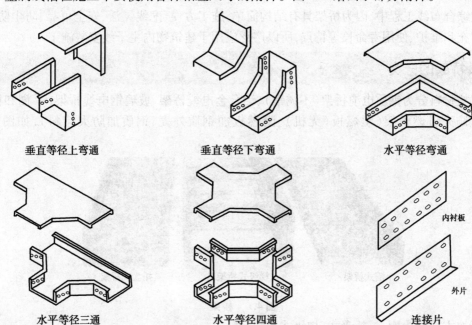

垂直等径上弯通　　　　　　垂直等径下弯通　　　　　　水平等径弯通

水平等径三通　　　　　　水平等径四通　　　　　　　连接片

图4.5　金属线槽的部分附件

3.金属线槽的规格

金属线槽的长度一般为2 m,金属板厚度(T)、槽高(H)和槽宽(W)的尺寸如表4.1所示。

表4.1　金属线槽的规格

T/mm	H/mm	W/mm	T/mm	H/mm	W/mm
1.0	25	50	1.6	150	300
1.2	50	100	1.6	200	400
1.4	75	150	2.0	200	500
1.6	100	200	2.0	200	600
1.6	125	250	2.0	200	800

4.金属线槽的选购常识

首先是根据工程需求选择合适的规格。质量方面看金属线槽的金属板厚度均匀,金属光泽好,无扭曲、翘角等。

4.1.3 认识和选用桥架

在综合布线工程中,因为桥架具有结构简单、施工方便、配线灵活、安全可靠、防尘防火、方便扩充和维护、使用寿命长等特点,所以广泛应用于建筑物内主干线安装施工。

1.桥架的分类

①按材料分为钢质电缆桥架(不锈钢)、铝合金电缆桥架、玻璃钢电缆桥架(手糊和机压两种)、防火阻燃桥架(阻燃板(无机)、阻燃板加钢质外壳、钢质加防火涂料),如图4.6所示。

槽式桥架　　　　梯级式桥架　　　　托盘式桥架

图4.6　桥架

②按方式分为槽式、托盘式、梯级式、组合式。

③按外表处置分为冷镀锌及锌镍合金 、喷塑 、喷漆、热镀锌、热喷锌。

2.槽式桥架

槽式桥架底板无孔洞,由底板和侧边构成或由整块钢板弯制成的槽形部件。若配有盖时,就成为全封闭的金属壳体,具有抑制内外电磁干扰,防止有害液体、气体和粉尘侵蚀的作用。槽式桥架的空间布局示意图如图4.7所示。

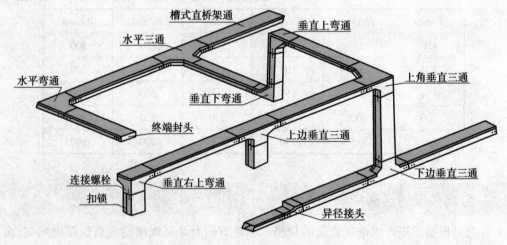

图4.7　槽式桥架空间布局示意图

3. 托盘式桥架

托盘式桥架有由具有孔洞的底板和无孔洞的侧边所构成的槽形部件,或采用整块钢板冲出底板的孔洞后再按规格弯制成槽形,适用于敷设环境无电磁干扰,不需要屏蔽的场所。其空间布局示意图如图4.8所示。

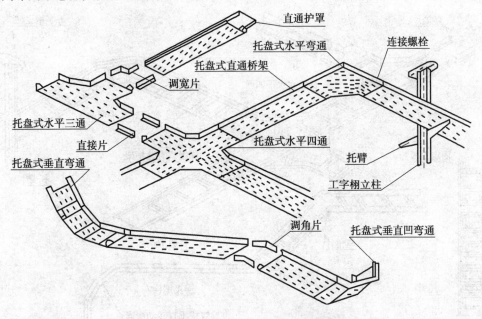

图4.8　托盘式桥架的空间布局示意图

4. 梯级式桥架

梯级式桥架是一种敞开式结构,由两侧与若干个横挡组装构成的梯形部件,与电缆走线架的形状和结构相似。由于其没有遮挡,在使用上有所限制,仅适用于环境干燥、清洁、无外界影响的一般场合。梯级式桥架的空间布局示意图如图4.9所示。

5. 桥架的尺寸选择与计算

桥架的高(H)和宽(W)之比一般为1:2,也有特殊的,但长度均为2 m/根,钢板厚度为0.8～2.5 mm。选用时桥架越大、装载的电缆数量就越多,因此要求桥架的截面积越大,桥架钢板越厚。桥架规格与用料厚度见表4.2所示。

在选购桥架时,应根据在桥架中敷设的线缆的种类和数量来计算桥架的大小。桥架的宽度W的计算方法为:

(1)计算在桥架内敷设的线缆的总面积S_0

$$S_0 = n_1 \pi (\frac{d_1}{2})^2 + n_2 \pi (\frac{d_2}{2})^2 + \cdots + n_j \pi (\frac{d_j}{2})^2$$

式中:d_1,$(d_2, \cdots, d_j)$为每根线缆的直径;n_1,n_2,$\cdots$,n_j为相应线缆的根数。

(2)计算桥架的宽度W

一般桥架的填充率取40%左右,所以需要的桥架的截面积$S = W \times h = S_0 / 40\%$,则桥架

87

的宽度 W 为:

$$W = \frac{S}{h} = \frac{S_0}{(40\% \times H)}$$

H 为桥架的净高度。

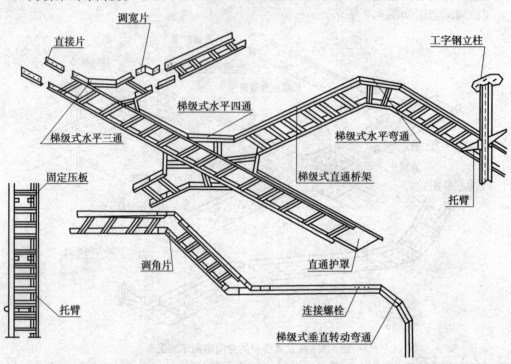

图 4.9　梯级式桥架空间布局示意图

表 4.2　桥架规格与钢板厚度

型　号	规格/mm × mm	钢板厚/mm	
	$W \times H$	槽体	护罩
槽式桥架	$50 \times 25 \sim 150 \times 75$	1.5	1.5
	$200 \times 100 \sim 400 \times 200$	2.0	2.0
托盘式桥架	$500 \times 200 \sim 800 \times 200$	2.5	2.0
梯级式桥架	梯边 2.5	梯横 2.0	护罩 2.0

4.1.4　认识施工辅助材料

1.认识线缆整理材料

　　大量的线缆在管路中敷设或进入机柜端接到配线架上后,必须进行整理,否则因线缆自重造成某些接点接触不良。同时难以分辨和管理线缆,也不美观。所以,通常会采用扎带和理线器对管路和机柜中的线缆进行整理。

（1）扎带

扎带，顾名思义为捆扎东西的带子，设计有止退功能，只能越扎越紧，也有可拆卸的扎带。扎带分为金属扎带（一般为不锈钢材料）和塑料扎带（一般为尼龙材料），常用于机电产品、综合布线系统、电脑、电子产品、汽车线束的绑扎。

扎带也称为尼龙扎带或束线带，分为自锁式尼龙扎带、标牌扎带、固定头扎带、插销式扎带等，如图4.10所示。

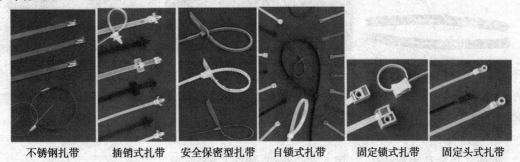

| 不锈钢扎带 | 插销式扎带 | 安全保密型扎带 | 自锁式扎带 | 固定锁式扎带 | 固定头式扎带 |

图 4.10　扎带

扎带具有耐酸、耐腐蚀、绝缘性好、不易老化等特点。在综合布线系统中，扎带有多种使用方式，如用不同颜色区分线路；用带有标签的扎带作线路标记；用带有卡头的扎带将线缆固定在面板上等。

（2）理线器

理线器的作用是为电缆提供平行进入 RJ-45 模块的通路，使电缆在压入模块之前不再多次直角转弯，减少了电缆自身的信号辐射损耗，同时也减少了对周围电缆的辐射干扰。由于理线器使水平双绞线有规律地、平行地进入模块，因此在今后线路扩充时，将不会因改变了一根电缆而引起大量电缆的更动，使整体可靠性得到保证，即提高了系统的可扩充性，如图4.11所示。

图 4.11　理线器

在机柜中，理线器有3种安装位置：

• 垂直理线器可安装在机架的上下两端或中部，完成线缆的前后双向垂直管理。

• 水平理线器安装在机柜或机架的前面，与机架式配线器配合使用，提供配线架或设备跳线的水平方向管理。

• 机架顶部理线槽可安装在机架顶部，线缆走机柜顶部进入机柜，为进出的线缆提供一个安全可靠的路径。

89

2. 认识线缆保护产品

硬质套管在线缆转弯、穿墙、裸露等特殊位置不能提供保护，在这些特殊位置需要使用软质线缆保护产品。常用的软质线缆保护产品主要有螺旋套管（如图4.12所示）、蛇皮套管（如图4.13所示）、防蜡管（如图4.14所示）、金属边护套等。

图4.12　螺旋套管　　　　图4.13　蛇皮套管　　　　图4.14　防蜡管

3.认识线缆固定部件

（1）钢筋扎片

钢筋扎片又称为铝片线卡，用于固定线缆，如图4.15所示。

（2）钢钉线卡

钢钉线卡是一款塑料制品，采用PE料注射成型，弹性大，耐冲击，不易破裂。产品系列为插钉式，钢钉直接附在线卡上，可大量节省时间，降低施工成本。使用方法：将电线置于卡内，用铁锤将钢钉钉上墙壁即可将电线固定，如图4.16所示。

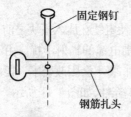

图4.15　钢筋扎片　　　　　　　　图4.16　钢钉线卡

4.认识螺钉、螺栓等

螺钉、螺栓等主要用于固定相关部件和设备。常用的有水泥钉、木螺钉、塑料膨胀管、钢制膨胀螺栓等，如图4.17所示。

水泥钉　　　　　　　木螺钉　　　　　　　塑料膨胀管　　　　钢制膨胀螺栓

图4.17　螺钉、螺栓

4.1.5　认识和选用机柜

由于机柜的电磁屏蔽性能好、占地面积小、便于管理等特点,被广泛应用于综合布线的网络布线间、楼层配线间、中心机房、数据机房、控制中心、监控室、监控中心等。

1. 机柜的结构和规格

网络机柜由框架和盖板(门)组成,一般具有长方体的外形,落地放置。它为网络设备正常工作提供相适应的环境和安全防护。不具备封闭结构的机柜称为机架。综合布线系统一般采用 19 inch 宽的机柜(标准机柜),用于安装各种配线模块和交换机。标准机柜结构简洁,主要包括基本框架、内部支撑系统、布线系统和散热通风系统,如图 4.18 所示。

标准机柜的外形尺寸有宽度、高度、深度 3 个参数。虽然对于符合 19 inch 标准尺寸的设备,所需的安装宽度都为 465.1 mm,但实际成品尺寸 19 inch 机柜的物理宽度主要有 600 mm 和 800 mm 两种。

机柜的高度一般为 0.7 ~ 2.4 m,常见的高度为 1.0,1.2,1.6,1.8,2.0,2.2 m。机柜的高度决定机柜的配线容量和能够安装的设备数量。在 19 inch 标准机柜内,设备安装所占高度用一个特殊单位"U"表示,1 U = 44.45 mm。19 inch标准机柜的面板一般按照 nU 的规格制造,机柜的容量通常用 nU 表示,多少个 U 的机柜表示能容纳多少个 U 的网络设备。表 4.3 列出了某厂商部分 19 inch 标准机柜的参数。

图 4.18　机柜的结构

表 4.3　某厂商部分 19 inch 标准机柜尺寸

容　量	高度/m	宽度 × 深度/mm × mm	风扇数	配　件
47 U	2.2	600 × 800	2	电源插排 1 套 固定板 3 块 重载脚轮 4 只 支撑地脚 4 只 方螺母螺钉 40 套
		600 × 800	4	
		800 × 800	4	
42 U	2.0	600 × 600	2	
		600 × 800	4	
		800 × 600	2	
		800 × 800	4	

续表

容量	高度/m	宽度×深度/mm×mm	风扇数	配件
37U	1.8	600×600	4	电源插排1套 固定板3块 重载脚轮4只 支撑地脚4只 方螺母螺钉40套
		600×800	4	
		800×600	4	
		800×800	4	
32U	1.6	600×600	2	电源插排1套 固定板1块 重载脚轮4只 支撑地脚4只 方螺母螺钉20套
		600×800	4	
27U	1.4	600×600	2	
		600×800	4	
22U	1.2	600×600	2	
		600×800	4	
18U	1.0	600×600	2	

2. 机柜的分类

（1）根据外形分类

根据机柜外形,机柜可分为立式机柜、挂墙式机柜和开放式机架3种。

· 立式机柜:用于独立设备间和管理间,是综合布线系统中最常用的机柜。

· 挂墙式机柜:用于没有独立房间的管理间,如图4.19所示。

图4.19　挂墙式机柜　　　　　图4.20　开放式机架

· 开放式机架:为敞开型结构,具有价格便宜、管理操作方便的优点,但不具备增强电磁屏蔽和削弱设备工作噪声等特性,在空气洁净度较差的环境中,设备表面容易积尘。因此,开放式机架用于要求不高和需经常对设备进行操作管理的场合,如图4.20所示。

（2）根据应用对象分类

根据应用对象，机柜除可分为布线型机柜和服务器型机柜外，还有控制台型机柜（如图4.21所示）、通信机柜、EMC机柜、自调整组合机柜和自行定制机柜等。

● 布线型机柜：布线型机柜宽度为600 mm，深度为600 mm，主要用来安装配线架、交换机等网络设备。

● 服务器型机柜：服务器型机柜的空间更大、散热性能更好，一般前、后面均有通风孔。主要用于安放服务器主机、显示器、存储设备等。

图4.21　控制台型机柜

（3）根据组装方式分类

按组装方式分为一体化焊接型机柜和组装型机柜两种。

（4）根据制造材料分类

机柜的制造材料主要有型材结构和薄板结构两种。

● 型材结构机柜：有钢型材机柜和铝型材机柜两种。钢形材机柜由异型无缝钢管为立柱组成。这种机柜的刚度和强度都很好，适用于重型设备。由铝合金型材组成的铝型材机柜具有一定的刚度和强度，适用于一般或轻型设备。这种机柜重量轻，加工量少，外形美观，得到广泛应用。

● 薄板结构机柜：整板式机柜，其侧板为一整块钢板弯折成形。这种机柜刚度和强度均较好，适用于重型或一般设备。但因侧板不可拆卸，使组装、维修不方便。弯板立柱式机柜的结构与型材机柜相似，而立柱则由钢板弯折而成。这种机柜具有一定的刚度和强度，适用于一般设备。

3.机柜中的配件

根据需要机柜还装有机柜附件。其主要附件如下：

● 固定托盘　如图4.22所示，用于安装显示器、计算机、服务器、路由器、交换机、Modem、UPS等设备。

图4.22　固定托盘

图4.23　滑动托盘

图4.24　配电单元

● 滑动托盘　如图4.23所示，用于安装键盘等设备。

● 配电单元　如图4.24所示，机柜中的配电单元一般为1U规格，带有各种标准的电源插座，安装方式灵活。

● 理线器　参见本书4.1.4节。

● 理线环　如图4.25所示，是一种专用理线装置，安装和拆卸非常方便，使用的数量和安装位置可根据需要灵活调整。

• L支架　如图4.26所示,用于安装机柜中重量较大的标准设备,如机架式服务器等。

• 盲板　如图4.27所示,用于遮挡机柜内空余位置,有1U、2U等多种规格。

• 扩展横梁　如图4.28所示,用于扩展机柜内的安装空间,其安装和拆卸非常方便,也可以配合理线架、配电单元的安装。

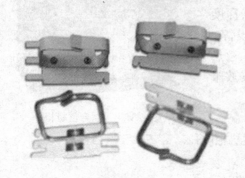

图4.25　理线环

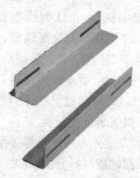

图4.26　L支架

图4.27　盲　板

图4.28　扩展横梁

图4.29　键盘托架

• 键盘托架　如图4.29所示,用于安装标准计算机键盘,可翻转90°,它必须配合滑动托盘使用。

• 调速风机单元　如图4.30所示,安装于机柜的顶部,用于机柜的散热,可根据环境温度和设备温度调节风扇的转速,有效地降低机房的噪声。

• 机架式风机单元　如图4.31所示,高度为1U,可安装在标准机柜内的任意位置上,可根据机柜内热源的情况进行配置。

图4.30　调速风机单元

图4.31　机架式风机单元

4.机柜的选购

用户在对机柜的选购时应该考虑以下几个方面的因素:

①可靠的质量保证。选择一款适合的服务器机柜和布线机柜非常重要,稍有疏忽,则可能导致巨大的损失。不管是哪一个品牌的产品,质量都是用户首先要考虑的环节。

②承重保证。随着机柜内所放置产品密度的加大,良好的承重能力,是对一款合格机柜产品的基本要求。不符合规格的机柜,可能因为机柜品质差劣,不能有效妥善保护机柜内的设备,结果可能会影响整个系统。

③温度控制系统。机柜内部有良好的温度控制系统,可避免机柜内产品的过热,以确保设备的高效运作。

④抗干扰及其他。一款功能齐备的机柜应提供各类门锁及其他功能,例如防尘、防水或电子屏蔽等高度抗扰性能;同时应提供适合附件及安装配件支持,以让布线更为方便,同时易于管理,省时省力。

⑤售后服务。企业所提供的有效服务,以及所提供的全面设备保护方案,可为用户的安装、维护带来巨大的便利。

在数据中心的机柜解决方案除了兼顾以上几点,还应该考虑线缆布局、电源分配等方面的设计,才能保证系统的良好运行和升级的方便。

 4.1.6 认识和选用信息插座

信息插座一般是安装在墙面上的,也有桌面型和地面型,主要是为了方便计算机等设备的移动,并且保持整个布线的美观。如图4.32所示。其作用是为计算机等终端设备提供一个网络接口,通过双绞线跳线将极端级接到综合布线系统,从而接入主网络。

（a）墙面型电话+网络　（b）墙面型双网络　（c）桌面型多功能　（d）弹启式地面型

图4.32 信息插座

信息插座由信息模块、面板和底盒三部分组成。信息模块是信息插座的核心,信息模块所遵循的标准决定信息插座所适用的信息传输通道。面板和底盒决定信息插座所适用的安装环境。图4.33为信息插座的结构示意图。

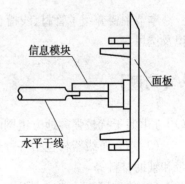

图4.33 信息插座结构示意图

1. RJ-45 信息模块

信息插座中的信息模块通过水平干线与楼层配线架相连,通过工作区跳线与应用综合布线系统的设备相连,信息模块的类型必须与水平干线和工作区跳线的线缆类型一致。RJ-45 信息模块是根据国际标准 ISO/IEC 1181、EIA/TIA568设计制造的,该模块为8线式插座模块,适用于双绞线电缆的连接,如图4.34所示。

RJ-45 信息模块的类型与双绞线类型相对应,RJ-45 信息模块也分为3类、5类、5e类和

95

6 类等。

2. 面板

信息插座面板用于在信息出口位置安装固定信息模块。插座面板的尺寸有 K86 和 MK120 两个系列。K86 系列(英式)为 86 mm×86 mm 正方形规格,MK120 系列(美式)为 120 mm×75 mm 长方形规格。常见的有单口、双口型号,也有 3 口或 4 口的型号。面板一般为平面插口,也有设计成斜口插口的。

3. 底盒

底盒一般是塑料材质,也有金属的。底盒有单底盒和双底盒之分,一个底盒安装一个面板(面板与底盒的制式必须相同)。按安装方式分为明装(底盒安装在墙面上)和暗装(底盒预埋在墙里)两种。

底盒的结构如图 4.35 所示。

图 4.34   RJ-45 信息模块

图 4.35   底盒

【小结】

本节主要介绍了管材、线槽、桥架、机柜、信息插座、综合布线辅材等综合布线材料的认识及选用。

【习题】

(1)在电源干扰较强的地方组网时,需采用 STP。(   )

(2)综合布线器材包括各种规格的_____、_____、桥架、机柜、面板与底盒、理线扎带和辅助材料等。

(3)信息模块的端接遵循的两种标准是_____和_____。

(4)标准机柜以_____ U 为单位,1 U =_____ mm。

(5)标准机柜是指(   )。

  A.2 m 高的机柜   B.1.8 m 高的机柜   C.18 incj 机柜   D.19 inch 机柜

任务2　认识管槽安装工具

4.2.1　认识电工与电动工具

1.电工工具箱

电工工具箱是综合布线施工中必备的工具,主要包括钢丝钳、尖嘴钳、斜口钳、剥线钳、一字螺丝刀、十字螺丝刀、测电笔、电工刀、电工胶带、活扳手、呆扳手、卷尺、铁锤、凿子、斜口凿、钢锉、钢锯、电工皮带、工作手套等,并常备水泥钉、木螺丝、自攻螺丝、塑料膨胀管、金属膨胀栓等器材,如图4.36所示。

图4.36　工具箱　　　　　　　　　　　　　图4.37　电源线盘

2.电源线盘

在室外施工现场,由于距离较远且室外一般无电源,因此需要使用长距离的电源线盘,线盘的长度有20 m、30 m和50 m等型号,如图4.37所示。

3.电动工具

电动工具如表4.4所示。

表4.4　电动工具

名　称	用　途	图　形
充电旋具	利用充电电池作为电源,既可以作电钻使用也可以作为螺丝刀使用。主要优点是省力省时,提高工作效率	
手电钻	主要用于在金属型材、木材、塑料上钻孔,是综合布线安装中的常用工具之一	
冲击电钻	是一种旋转带冲击的特殊用途的手提式电动工具,由电动机、减速箱、冲击头、辅助手柄、开关、电源线、插头和钻头夹等构成,主要用于在混凝土、预制板、瓷面砖、砖墙等建筑材料上钻孔或打洞。与之相似的电动工具还有电锤(功率和冲击力比冲击电钻大)、点镐(功率和冲击力比电锤大)	
曲线锯	用于锯割直线和特殊的曲线切口,能锯割木材、PVC、金属等	
角磨机	金属槽、管切割后会留下锯齿形的毛边,会划破线缆的外套,利用角磨机将切口磨平以保护线缆	
型材切割机	型材切割机由砂轮锯片、护罩、操纵手柄、电动机、工件夹、工件夹调节手轮及底座、胶轮等组装而成。电动机有单相和三相两种,用于加工角铁横担、切割管材等	
台钻	对桥架等材料进行切割后,要使用台钻根据安装位置重新钻孔,使之与桥架进行连接	

4.2.2 认识五金机械工具

五金机械工具如表4.5所示。

表4.5 五金机械工具

名 称	用 途	图 形
线槽剪	线槽剪是PVC线槽专用剪,剪出的端口整齐、美观	
台虎钳	台虎钳是中、小型工件的常用夹具	
梯子	在综合布线工程施工中经常需要登高作业。常用的梯子有直梯和人字梯两种。直梯多用于户外登高作业;人字梯常用于室内登高作业	
管子台虎钳	管子台虎钳又叫龙门钳,是对钢管、PVC塑料管等管型材进行加工时使用的夹具	
管子切割器	在综合布线工程施工中,钢管和电线管需要使用管子切割器裁割,管子切割器也称为管子割刀	1—图形刀片;2—托滚
管子钳	管子钳又称为管钳,利用管子钳装卸钢管上的管箍、锁紧螺母、管子活接头、防暴活接头等	
螺纹铰板	螺纹铰板又叫作管螺纹铰板,是铰制钢管外螺纹的手动工具	
弯管器	在综合布线工程施工中使用弯管器来制作各种弯曲度的管子	

99

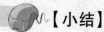【小结】

本节主要介绍了在综合布线工程施工中需要经常使用的各种电动工具和机械工具。

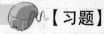【习题】

(1)钢管安装中可能用到哪些工具?
(2)线槽安装中可能用到哪些工具?
(3)桥架施工中可能用到哪些工具?

任务3 认识线缆安装工具

线缆安装工具包括线缆敷设工具和线缆端接工具。线缆敷设工具主要包括放线工具如导线器、放线支架、放线滑车等和牵引工具如牵引机等,线缆端接工具主要包括双绞线端接工具,如剥线钳、压线钳、打线工具等和光纤端接工具,如光纤涂覆层剥离钳、光纤剪刀、光纤连接器压接钳、光纤切割器、光纤熔接机等。

4.3.1 认识线缆敷设工具

1.导线器

导线器又称穿线器,如图4.38所示。它可以帮助技术人员在非常难以施工的地方穿线,也可以使用它从屋顶向靠近地板的插座牵线,或者用它在建筑物中充满障碍的吊顶上以及地板下面进行牵线。它同样也可以用于在管道中牵引线路。使用导线器,可大大提高线缆布放的作业效率和质量。

图4.38 导线器

图4.39 放线支架

2.放线支架、放线滑车

放线支架、放线滑车都是为了防止施工中无保护地拖动线缆而损伤线缆,如图4.39所示。大多数线缆,如电缆、光缆等一般都是包装在线盘上的,放线时将线盘架设在线盘支架上,然后进行放线。线缆放线支架起到支撑线盘的作用。线缆放线支架带有良好的制动、止回装置,能够自升载线轴体,有的还置于拖车上,它的工作能够较好地提高工作效率。线缆放线支架有很多种产品,其工作方式也不尽相同。

放线滑车也称为放线滑轮。放线滑车分为地缆滑车、电缆滑车、朝天滑车、尼龙滑车、电缆导线放线滑车、大直径放线滑车、两用放线滑车、地线放线滑车、起重滑轮,如图4.40所示,主要用于电缆敷设时改变方向处,保护电缆不受摩擦,并且省时省力。

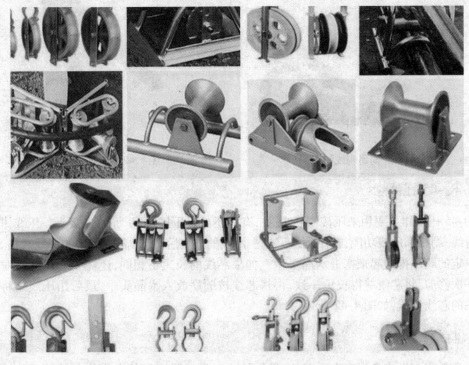

图4.40　放线滑车

3.牵引机

综合布线施工在敷设主干线时,若采取自下向上的方式,就需要用牵引机牵引管道中的线缆。牵引机有手摇式牵引机和电动牵引机两种。电动牵引机具有牵引力大、速度恒定等特点,它能根据线缆情况通过控制牵引绳的松紧随意调整牵引力和速度,并可通过拉力计随时读出拉力值,还有重负荷警报及过载保护功能。手摇式牵引机经济适用,适合线缆数量较少时或室内使用。还有一些牵引力更大的牵引机,一般适用于室外作业,用于电力电缆、通信电缆、架空线的牵引。

4.3.2 认识线缆端接工具

1. 剥线钳

剥线钳是制作线缆时常用的工具,它主要用来剥掉双绞线的外皮,也可以用来剥掉细缆导线外部的两层绝缘层。剥线钳的种类很多,刀片的切割深度,可由随刀赠送的螺杆调整其相应位置的内六角形螺母实现。顺时针方向时,抬高刀片,切割深度加重;逆时针方向时,降低刀片,切割深度变浅。图4.41所示为一种简易剥线钳。

图4.41 简易剥线钳   图4.42 RJ-45 压线钳

2. RJ-45 压线钳

RJ-45 压线钳主要用来压接 M45 插头,有些还可以压接 RJ-ll 等的连接头。压线钳同时具有剪线、剥线和压线功能,在用剥线刀剥去网线的外皮后,按照需要制作的网线规格,将网线按一定的顺序排列起来塞进水晶头中。如果芯线的长短不相同,还需要用压线钳对它们进行一次修剪,将芯线剪得长短一致,再将芯线按顺序放入水晶头中,最后用压线钳将放入水晶头的芯线压紧,如图4.42所示。

3. 打线工具

信息插座与模块是嵌套在一起的,埋在墙中的网线是通过信息模块与外部网线进行连接的,墙内部网线与信息模块的连接是通过把网线的8条芯线按规定卡入信息模块的对应线槽中的。网线的卡入需用一种专用的打线工具,称为打线钳。打线钳将双绞线压接到信息模块和配线架上,信息模块配线架采用绝缘置换连接器与双绞线连接。绝缘置换连接器中有一个 V 形豁口的小刀片,当把导线压入豁口时,刀片割开导线的绝缘层,与其中的导体形成接触,如图4.43所示。

图4.43 打线钳

4.3.3　光纤端接工具

1.光纤剪刀

　　光纤剪刀主要用于剪切光纤外层凯夫拉线。一般光纤剪刀都将刀口设计成锯齿状,这是为了避免剪切凯夫拉线时的打滑现象。光纤剪刀一般只剪光纤线的凯夫拉层,不用于剪光纤内芯线玻璃层或剥皮。如图4.44所示为光纤剪刀。

图4.44　光纤剪刀

2.光纤剥线钳

　　光纤剥线钳又称为"米勒钳",可以用来剥除光纤绝缘外护层、光纤缓冲层以及光纤涂覆层。精确的孔径和V形刀刃确保缓冲层准确开剥,可以将250 μm的涂覆层剥离至125 μm,其第2个孔可将900 μm紧套管剥离至250 μm,大孔径用于开剥2~3 mm光缆外护套。由于厂家预设,使用前不需要调整和校准。所有的刀刃面都是精确成形,保证了操作时纤芯的干净、平滑,不会刮伤或划伤光纤。如图4.45所示为光纤剥线钳。

3.光纤连接器压接钳

　　光纤连接器是光纤与光纤之间进行可拆卸(活动)连接的器件,它是把光纤的两个端面精密对接起来,以使发射光纤输出的光能量能最大限度地传输到接收光纤中,并使由于其介入光链路而对系统造成的影响减到最小。光纤连接器按传输媒介的不同可分为常见的硅基光纤的单模、多模连接器,还有其他如以塑胶等为传输媒介的光纤连接器;按连接头结构形式可分为FC、SC、ST、LC、D4、DIN、MU、MT等各种形式。光纤连接器压接钳用于压接各种连接器,配有多种常用的六边形夹具,适用于不同种类的光纤连接器。如图4.46所示为光纤连接器压接钳。

图4.45　光纤剥线钳

图4.46　光纤连接器压接钳

4.光纤接续子

　　光纤接续子是一种易于使用的快速机械接续子,主要是利用机械连接技术实现光纤的永久或临时接续、无绳应急恢复等,适用于单模和多模光纤。随着光纤技术的不断发展,光纤机械接续子的插入损耗平均值仅为0.1 dB,达到了与熔接基本相当的水平,其反射损耗也满足光纤网络传输各类信号的要求,如图4.47所示。

图4.47　光纤接续子

5. 光纤切割刀和光纤切割笔

　　它是特殊材料制作的专用工具,刀口锐利耐磨损,能够保证光纤切割面的平整性,可最大限度地减小光纤连接时的衰耗,主要用于光纤精密切割。光纤切割笔外形如同一支钢笔,携带很方便,操作简单,主要用于光纤的简易切割,如图4.48所示。

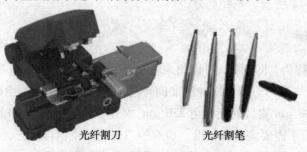

光纤割刀　　　　　　　　光纤割笔

图4.48　光纤切割刀、切割笔

6. 光纤熔接机

图4.49　光纤熔接机

　　光纤熔接机主要用于光缆的施工和维护,靠放出电弧将两头光纤熔化,以达到熔接的目的。光纤熔接机采用芯对芯标准系统可以快速、全自动地熔接。它配备高清晰度 T 盯彩色显示屏幕,可同时观测 X 轴、Y 轴光纤,具有体积小,重量轻,速度快的特点。维修导航功能采用图形引导用户操作,具有抓图功能,能存储熔接图片,支持 USB 接口。光纤熔接机能在 15 m/s 的强风下进行接续工作,短尺寸熔接切割长度为 5 mm,熔接所有光纤类型,也熔接 80 μm 光纤,如图4.49所示。

【小结】

　　本节主要介绍了线缆敷设工具导线器、放线支架、放线滑车、牵引机和双绞线端接工具剥线钳、RJ-45 压线钳、打线工具;光纤端接工具光纤剪刀、光纤剥线钳、光纤连接器压接钳、光纤接续子、光纤切割刀、光纤切割笔、光纤熔接机。

【习题】

（1）线缆敷设工具有哪些？各自的作用是什么？

（2）双绞线端接工具有哪些？各自的作用是什么？

（3）光纤端接工具有哪些？各自的作用是什么？

模块4　学习自评表

知识目标评价表

任　务	知识目标	了　解	理　解	掌　握
任务1	认识和选用线管			
	认识和选用线槽			
	认识和选用桥架			
	认识施工辅助材料			
	认识和选用机柜			
	认识和选用信息插座			
任务2	认识电工工具			
	认识电动工具			
	认识五金机械工具			
任务3	认识线缆敷设工具			
	认识线缆端接工具			
	认识光纤端接工具			

能力目标评价表

能　力	未掌握	基本掌握	能应用	能熟练应用
正确选用线管				
正确选用线槽				
正确选用桥架				
正确选用机柜				
正确选配各种辅助材料				
正确选择信息模块				
认识电工工具				
认识电动工具				
认识五金机械工具				
认识线缆敷设工具				
认识线缆端接工具				

综合布线工程施工技术

【模块目标】

◆了解综合布线工程施工准备相关知识

◆掌握布线系统的管槽安装方法

◆掌握双绞线敷设施工方法

◆掌握机柜和配线设备安装方法

◆掌握光缆的敷设和端接方法

通过前面几个项目，我们已获得了综合布线工程概念和器材知识，下面我们要做的就是按照综合布线系统的设计方案，安装工程合同中的各项规定，完成综合布线工程的施工建设，使之满足用户需求。但是综合布线工程对安装要求非常严格，施工专业性很强，要保证在规定的工期内完成系统的安装、调试、人员培训，达到优良工程标准，我们必须针对该综合布线工程成立专门的工程项目组，为该工程编制出一套完善的施工组织方案，并按照施工方案和合同，完成整个工程的施工。

综合布线工程的施工可以分为管槽安装施工、线缆敷设施工、设备安装和调试初验，其中管槽安装施工是整个工程施工的第一个环节。从事综合布线工程的项目经理、工程师们往往会忽视管槽系统的安装，认为它技术含量低，是一种粗活，在工程实际中很多承包商会把管槽系统安装施工转包给其他工程队，从而给工程质量带来隐患。管槽系统在综合布线系统中虽然只是辅助的保护或支撑措施，但它在工程中具有极为重要的地位，很多质量问题往往出在管槽系统中。本项目的主要目标是学会使用管槽安装施工工具，完成综合布线工程项目中建筑物内主干布线、水平布线的管槽安装施工，同时了解建筑群地下管道施工的基本情况和相关技术。

任务 1　综合布线工程施工准备

为了高标准高质量地完成整个工程,在进行施工之前,我们还需要进行一些施工前的准备工作。

5.1.1　综合布线工程施工基本要求

综合布线工程安装施工应把握以下基本要求:

①新建或扩建的建筑物的综合布线工程安装施工,必须严格按照《综合布线工程验收规范》中的有关规定进行。

②很多综合布线工程既有建筑物内的布线系统,又有建筑群间的布线系统。因此综合布线工程的安装、施工可以根据具体项目内容,符合国家颁发的通信行业标准《本地电话网用户线路工程设计规范》《本地网络通信线路工程验收规范》《通信管道工程施工及验收规范》《市内通信全塑电缆线路工程施工及验收技术规范》等的规定。

③综合布线工程中所用的线缆、布线部件应符合通信行业标准《大楼通信综合布线系统第 1—3 部分》等规范或设计文件的规定。

④综合布线是一项系统工程,必须针对工程特点,建立规范的组织机构,保障施工顺利进行。

⑤必须加强施工质量管理。施工单位必须按照《综合布线工程验收规范》进行工程的自检、互检和随工检查。建设方和工程监理单位必须按照上述规范要求,在整个安装施工过程中进行工地技术监督及工程质量检查工作。

⑥施工规程要按照统一的管理标志对线缆、配线架和信息插座等进行标记,清晰、有序的标记会给下一步设备的安装和测试工作带来便利,以确保后续工作的正常进行。

5.1.2　施工依据和相关文件

综合布线工程施工中的主要依据和指导性文件较多,主要依据有国内外的相关标准和规范,包含设计、施工及验收等内容。指导性文件包括工程设计文件、施工图纸、承包施工合同和施工操作规程等。

1.标准与规范

综合布线工程的施工应执行下列标准规范和要求:

《综合布线工程设计规范》

《综合布线工程验收规范》

《本地电话网用户线缆工程设计规范》

《本地通信线缆工程验收规范》

《通信管道工程施工及验收技术规范》

《大楼通信综合布线系统第 1—2 部分》

《市内通信全塑电缆线路工程施工及验收技术规范》

《防雷及接地安装工艺标准》

《钢管敷设工艺标准》

《建筑电气安装分项工程施工工艺标准》

《高层民用建筑设计防火规范》

2. 工程设计和施工图等有关文件

指导性文件中有很多与具体工程紧密结合的重要内容,他们直接影响工程质量的优劣、施工进度的安排和今后运行的效果。所以,在综合布线工程施工时,必须始终以这些文件来指导和监督工程的进行。指导性文件主要有以下几种:

- 由建设部批准的具有房屋建筑或住宅小区内综合布线工程设计资质的单位所编制的综合布线工程设计文件和施工图纸。安装施工单位如有疑问或认为需要改进时,应取得设计单位的书面同意后,才能改变原设计的内容和要求进行施工。

- 经建设方和施工单位双方协商,共同签订的承包施工合同或有关协议。

- 有关综合布线工程中的施工操作规程和生产厂家提供的产品安装手册。

若工程设计会审和施工前技术交底以及施工过程中发生客观条件变化,或建设方要求安装施工单位改变原设计方案,在这些会议或过程中的会议纪要和重要记录都应留存,作为今后查考、验证的文件。

5.1.3　施工技术准备

1. 熟悉相关规范要求

熟悉综合布线工程设计、施工、验收的规范要求,掌握综合布线各子系统的施工技术以及整合工程的施工组织。

2. 熟悉和会审施工图纸

施工图纸是施工人员施工的依据,因此作为施工人员必须认真读懂施工图纸,理解图纸设计的内容,掌握设计人员的设计思想。只有对施工图纸了如指掌后,才能明确工程的施工要求,明确工程所需的设备和材料,明确与土建工程及其他安装工程的交叉配合情况,确保施工过程中不破坏建筑物的外观,避免与其他安装工程发生冲突。

3. 熟悉相关技术资料

熟悉与工程相关的技术资料,包括厂家提供的说明书和产品测试报告、技术规程、质量验收评定标准等内容。

4.技术交底

技术交底工作主要由设计单位的设计人员和工程安装承包单位的项目技术负责人一起完成。技术交底的主要内容包括：

①设计要求和施工组织中的有关要求；

②工程使用的材料、设备的性能参数；

③工程施工条件、施工顺序、施工方法；

④施工中采用的新技术、新设备、新材料的性能和操作使用方法；

⑤预埋部件注意事项；

⑥工程质量标准和验收评定标准；

⑦施工中的安全注意事项。

技术交底的方式有书面技术交底、会议交底、设计交底、施工组织设计交底、口头交底等形式。

5.编制施工方案

在全面熟悉施工图纸的基础上，依据图纸并根据施工现场情况、技术力量及技术准备情况，综合做出合理的施工方案，绘制出施工进度表。某工程施工进度表如表5.1所示。

表5.1 施工进度表

施工进度计划表																	
序号	任务名称	×××年××月										×××年××月					
		1	4	7	10	13	16	19	22	25	28	31	1	4	7	10	13	16
1	现场工作人员进场																	
2	工地现场勘查																	
3	结合图纸全阅																	
4	材料采购																	
5	设备采购、检测检验																	
6	室内桥架、配管安装																	
7	线缆敷设																	
8	机柜安装																	
9	工作区安装																	
10	配线架安装、打接线缆、端口编号																	
11	计算机网络系统安装及调试																	
12	系统调试																	
13	竣工通验收																	

6. 编制工程预算

工程预算包括工程材料清单和施工预算。

(1)综合布线工程成本的计算

●直接工程费用。

直接费:施工过程中耗用的构成工程实体和有助于工程实体形成的各项费用,包括人工费、材料费和机械使用费等。

其他直接费:指直接费以外施工过程中发生的其他费用,包括冬雨季施工增加费、夜班费、特殊地区施工增加费(高寒、高原、亚热带、污染严重等地区)、人工费差价、流动施工津贴等。

现场经费:施工现场组织施工生产和管理所需费用,包括临时设施费和现场管理费等。

●间接费:由企业管理费和财务费构成。

企业管理费:指为组织施工生产经营活动所发生的管理费,包括管理人员基本工资、差旅交通费、办公费、工具用具使用费、保险费、税金、劳动保险费以及其他费用等。

财务费:指企业为筹集资金而发生的各项费用,包括短期贷款利息净支出、汇总净损失、金融机构手续费等费用。

●计划利润:计划利润 = 概(预)算人工费 × 计划利润率。

●税金:税金 = (直接工程费 + 间接费 + 计划利润) × 税率,税率一般取 3.41%。

●各类费用比例:一般情况下,人工费占总价的 15% ~ 20%;材料设备费(包括运费)占总价的 45% ~ 65%;机械使用费占 3% ~ 10%;工程其他费占总价的 10% ~ 25%。

●设备、工器具购置费:设备、工器具购置费 = 设备、工器具原价 + 供销部门手续费 + 包装费 + 运输费 + 采购及保管费 + 运输保险费。

●工程建设其他费:由设计单位根据国家有关收费标准计算。

●预备费:预备费 = (工程费 + 工程建设其他费) × 预备费费率。

(2)综合布线工程施工工期的估算

综合布线工程的完成日期是在招标文件中有明确规定的,并且在工程双方签订协议或合同之后,将成为一种合约责任。材料供给、承包商的时间安排、建设方的时间安排都会影响工程的开工日期和完工日期。

如果估计工程将需要 800 小时完成,那么一个每周工作 40 小时的 4 人小组可以在 5 周内完成工程。项目经理可以改变小组的数量以适应建设方的时间表和完工日期,例如建设方想要工程在 3 周内完成,项目经理可以分配 2 个 4 人小组工作 2 周,1 个 4 人小组工作最后一周。

5.1.4　施工个人安全设备配备

个人安全设备是指在工作现场穿着的用来保护工作人员免受相关伤害的衣物及装备。正确使用这些安全设备,可以大幅度降低一般性工地伤害事故发生的可能性。

1. 工作服

工作服是一种非常重要的保护装备,除了可以让布线安装人员在工作时行动自如,还应

该具有保暖作用。

2. 安全帽

在以下区域中工作时,应佩戴安全帽:

①可能会有落下的物体或飞行的物体。

②可能会有电击的危险。

③会有碰头或者割破头的危险区域。

3. 眼睛保护装备

眼睛保护装备有以下几种:

- 安全眼镜
- 护目镜
- 面罩

4. 听力保护装备

如果工作场所噪声很大,或当工作现场需要使用某些特定的设备时,需要使用听力保护装置。恰当的听力保护装置包括耳塞和耳罩。

5. 呼吸道保护

在含有有害灰尘、气体、化学蒸气或其他污染物的工作现场工作时,需要进行呼吸保护。常用的呼吸道保护装置有防毒面具和一次性口罩。

6. 手套

在工作中,如果使用锋利的工具或原材料,或可能存在溅出的化学药品和极高温度等情况,必须戴上保护性手套。

7. 背部支撑带

在运送笨重物体时,背部支撑带可以提供对背部下部和腰部的支持和保护。

 ## 5.1.5 施工环境检查

在工程施工开始以前,应对配线间、设备间的建筑和环境条件进行检查,具备下列条件方可开工:

①配线间、设备间、工作区土建工程已全部竣工。房屋地面平整、光洁,门的高度和宽度适于设备和器材的搬运,门锁和钥匙齐全。

②房屋预留地槽、暗管、孔洞的位置、数量、尺寸均符合设计要求。

③对设备间铺设活动地板应专门检查,地板板块铺设必须严密牢固。每平方米水平允许偏差不应大于 2 mm,地板支柱牢固,活动地板防静电措施的接地应符合设计和产品说明要求。

④配线间、设备间应提供可靠的电源和接地装置。

⑤配线间、设备间的面积。温湿度、照明、防火等均应符合设计要求和相关规定。

5.1.6　施工器材检验

工程施工前应认真对施工器材进行检查,经检验的器材应做好记录,对不合格的器材应单独存放,以备检查和处理。

1.型材、管材与铁件的检查要求

①各种型材的材质、规格、型号应符合设计文件的规定,表面应光滑、平整,不得变形、断裂。预埋金属线槽、过线盒、接线盒及桥架表面涂覆或镀层应均匀、完整,不得变形、损坏。

②管材采用水泥管道、硬质聚氯乙烯管时,管身应光滑、无伤痕,管孔无变形,孔径、壁厚应符合设计要求。

③管道采用水泥管道时,应按通信管道工程施工及验收中的相关规定进行检验。

④各种铁件的材质、规格均应符合质量标准,不得有歪斜、扭曲、飞刺、断裂或破损。

⑤铁件的表面处理和镀层应均匀、完整,表面光洁,无脱落、气泡等缺陷。

2.电缆和光缆的检查要求

①工程中所用的电缆、光缆的规格和型号应符合设计规定。

②每箱电缆或每圈光缆的型号和长度应与出场质量合格证内容一致。

③线缆的外护套应完整无损,芯线无断线和混线,并应有明显的色标。

④电缆外套具有阻燃特性,应取一小截电缆进行燃烧测试。

⑤对进入施工现场的线缆应进行性能抽测。抽测方法可以采用随机方式抽出某一段电缆(最好是100 m),然后使用测线仪器进行各项参数的测试,以检验该电缆是否符合工程所要求的性能指标。

3.配线设备的检查要求

①检查机柜或机架上的各种零件。

②检查各种配线设备的型号、规格是否符合设计要求,各类标志是否统一、清晰。

③检查各配线设备的部件是否完整,是否安装到位。

【小结】

通过本任务的工作,我们根据综合布线工程施工的具体要求,成立了综合布线工程管理组织机构,强化了工程施工人员的安全意识和安全技术,完成了开工前的各项准备工作,为该工程精心编制了一套完整的施工组织方案,同时也了解了综合布线工程监理的基本情况。当完成本项目的时候,我们已经组建了一支分工明确、训练有素的施工队伍,并通过各种组织手段,为工程项目的顺利完成提供了保障。现在我们可以按照施工组织方案的要求,开始综合布线工程的具体施工了。

网络工程施工

【习题】

（1）综合布线工程施工中应如何控制工程进度？

（2）综合布线工程施工前需要做哪些准备工作？

（3）当需要在天花板布线时，应如何正确地使用梯子？

（4）自己所在的教学楼将要进行综合布线系统工程，各项工作已经就绪，请编制施工进度表，以便开始工程施工。

任务 2　布线系统的管槽安装

经过前面的各项准备工作，我们现在要开始各种管、槽道的施工了。

 5.2.1　建筑物内主干布线的管槽安装施工

1.引入管路

综合布线系统引入建筑物内的管路部分通常采用暗敷方式。引入管路从室外地下通信电缆管道的人孔或手孔接出，经过一段地下埋设后进入建筑物，由建筑物的外墙穿放到室内。

综合布线系统建筑物引入口的位置和方式的选择需要会同城建规划和电信部门确定，应留有扩展余地。对于入口钢管，要采用防腐和防水措施；钢管穿过墙基后应延伸到未扰动地段，以防出现应力；预埋钢管应由建筑物向外倾斜，坡度不小于0.4%；在两个牵引点之间不得有两处以上90°拐弯；光缆引入时应预留 5 ~ 10 m；架空电缆（光缆）引入时要注意接地处理；综合布线线缆不得在电力线或电力装置检修孔中进行接续或端接。

2.综合布线系统上升部分的建筑结构类型

综合布线系统上升部分的建筑结构类型有所区别，基本上有上升管路、电缆竖井和上升房3种类型（如表5.2所示）。

表5.2　综合布线上升管路结构类型

类型名称	容纳线缆条数	装设接续设备	特　点	适用场合
上升管路	1 ~ 4 条	在上升管路附近设置配线接续设备以便就近与楼层管路连通	不受建筑面积和建筑结构限制，不占用房间面积，工程造价低，技术要求不高。施工和维护不便，配线设备无专用房间，有不安全因素，适应变化能力差，影响内部环境美观	信息业务量较小，今后发展较为固定的中小型建筑。

类型名称	容纳线缆条数	装设接续设备	特　点	适用场合
电缆竖井	5~8 条	在电缆竖井内或附近装设配线接续设备以便连接楼层管路,专用竖井或合用竖井有所不同,在竖井内可用管路或槽道等装置	能适应今后变化,灵活性较大,便于施工和维护,占用房屋面积和受建筑结构限制因素较少。竖井内各个系统管线应有统一安排。电缆竖井造价较高,需占用一定建筑面积	今后发展较为固定,变化不大的大、中型建筑
上升房	8 条以上	在上升房中装设配线接续设备可以明装或暗装,各层上升房与各个楼层管路连接	能适应今后变化,灵活性大,便于施工和维护,能保证通信设备安全运行占用建筑面积较多,受到建筑结构的限制较多,工程造价和技术要求高	信息业务种类和数量较多,今后发展较大的大型建筑

3. 上升管路设计安装

上升管路的装设位置一般选择在综合布线系统线缆较集中的地方,宜在较隐蔽角落的公用部位(如走廊、楼梯间或电梯厅等附近地方),各个楼层的同一地点设置;不得在办公室或客房等房间内设置,更不宜过于临近垃圾道、燃气管、热力管和排水管以及易爆易燃的场所,以免造成危害和干扰等后患。

上升管路是综合布线系统的建筑物垂直干线子系统线缆的专用设施,既要与各个楼层的楼层配线架(或楼层配线接续设备)互相配合连接,又要与各楼层管路相互衔接。

4. 电缆竖井设计安装

综合布线系统的主干线路在竖井中一般有以下几种安装方式:

①将上升的主干电缆或光缆直接固定在竖井的墙上,它适用于电缆或光缆条数很少的综合布线系统。

②在竖井墙上装设走线架,上升电缆或光缆在走线架上绑扎固定,它适用于较大的综合布线系统,在有些要求较高的智能化建筑的竖井中,需安装特制的封闭式槽道,以保证线缆安全。

③在竖井内墙壁上设置上升管路。这种方式适用于中型的综合布线系统。

5. 上升房内设计安装

在上升房内布置综合布线系统的主干线缆和配线接续设备需要注意以下几点:

①上升房内的布置应根据房间面积大小、安装电缆或光缆的条数,配线接续设备装设位置和楼层管路的连接,电缆走线架或槽道的安装位置等合理布置。

②上升房为专用房间,不允许无关的管线和设备在房内安装,避免对通信线缆造成危害和干扰,保证线缆和设备安全运行。上升房内应设有 220 V 交流电源设施(包括照明灯具和电源插座),其照度应不低于 20 lx。为了便于维护检修,可以利用电源插座采取局部照明,以提高照度。

③上升房是建筑中一个上下直通的整体单元结构,为了防止火灾发生时沿通信线缆延燃,应按国家防火标准的要求,采取切实有效的隔离防火措施。

 5.2.2　建筑物内水平布线的管槽安装施工

1. 预埋暗敷管路

①预埋暗敷管路宜采用对缝钢管或具有阻燃性能的聚氯乙烯(PVC)管。

②预埋暗敷管路应尽量采用直线管道,直线管道超过30 m处再需延长距离时,应设置暗线箱等装置,以利于牵引敷设电缆。

③暗敷管路如必须转弯时,其转弯角度应大于90°,每根暗敷管路在整个路由上转弯的次数不得多于两个,暗敷管路的弯曲处不应有褶皱、凹穴和裂缝,更不应出现"S"形弯或"U"形弯。

④暗敷管路的内部不应有铁屑等异物存在,以防堵塞不通,必须保证畅通。

⑤暗敷管路如采用钢管,其管材接续的连接应符合下列要求:

● 丝扣连接(即套管套接)的管端套丝长度不应小于套管接头长度的1/2,在套管接头的两端应焊接跨接地线,以利连成电气通路。薄壁钢管的连接必须采用丝扣连接。

● 套管焊接适用于暗敷管路,套管长度为连接管外径的1.5～3倍,两根连接管的对口应处于套管的中心,焊口应焊接严密,牢固可靠。

⑥暗敷管路以金属管材为主时,如在管路中间设有过渡箱体,应采用金属板材制成的箱体,以利于连成电气通路,不得混杂采用塑料材料等绝缘壳体连接。

⑦暗敷管路在与信息插座(又称通信引出端或接线盒)、拉线盒(又称过线盒)等设备连接时,由于安装场合、具体位置以及所用材料不同,就有不同的安装方法。

⑧暗敷管路进入信息插座、出线盒等接续设备时,应符合下列要求:

● 暗敷管路采用钢管时,可采用焊接固定,管口露出盒内部分应小于5 mm。

● 明敷管路采用钢管时,应用锁紧螺母或护套帽固定,露出锁紧螺母丝扣2～4扣。

● 硬质塑料管应采用入盒接头紧固。

2. 明敷配线管路

①明敷配线管路采用的管材,应根据敷设场合的环境条件选用不同材质和规格,一般有如下要求:

● 在潮湿场所或埋设于建筑物底层地面内的钢管,均应采用管壁厚度大于2.5 mm的厚壁钢管,在干燥场所(含在混凝土或水泥砂浆层内)的钢管,可采用管壁厚度为1.6～2.5 mm的薄壁钢管。

● 如钢管埋设在土层内时,应按设计要求进行防腐处理。使用镀锌钢管时,应检查其镀锌层是否完整,镀锌层剥落或有锈蚀的地方应刷防腐漆或采用其他防腐措施。

②明敷配线管路应排列整齐,且要求固定点或支撑点的间距均匀。由于管路采用的管材不同,其间距也有区别。

● 采用钢管时,其管卡、吊装件(如吊架)与终端、转弯中点和过线盒等设备边缘的距离应为 150~500 mm。

●采用硬质塑料管时,其管卡与终端、转弯中点和过线盒等设备边缘的距离应为 100~300 mm。

③明敷配线管路不论采用钢管还是塑料管或其他管材,与其他室内管线同侧敷设时,其最小净距应符合有关规定。

3.预埋金属槽道(线槽)

①在线缆敷设路由上,金属线槽埋设时不应少于两根,但不应超过 3 根,以便灵活调度使用和适应变化需要。

②金属线槽的直线埋设长度超过 6 m,或线槽在敷设路由上交叉分支或转弯时,为了便于施工时敷设线缆及今后检查维护,应设置分线盒。

③金属线槽和分线盒预埋在地板下或楼板中,有可能影响人员生活和走动等情况,因此除要求分线盒的盒盖应能方便开启以便使用外,其盒盖表面应与地面齐平,不得凸起高出地面,盒盖和其周围应采用防水和防潮措施,并有一定的抗压功能。

④预埋金属线槽的截面利用率即线槽中线缆占用的截面积不应超过 40%。

⑤预埋金属槽道与墙壁暗嵌式配线接续设备(如通信引出端的连接),应采用金属套管连接法。

4.明敷线缆槽道或桥架

①为了保证槽道(桥架)的稳定,必须在其有关部位加以支撑或悬挂加固。当槽道(桥架)在水平敷设时,支撑加固的间距,直线段的间距不大于 3 m,一般为 1.5~2.0 m;垂直敷设时,应在建筑的结构上加固,其间距一般宜小于 2 m,如同 5.1 所示。

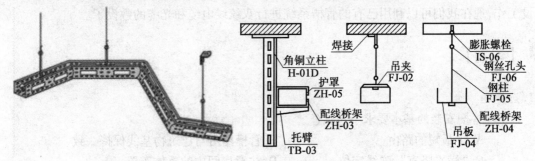

图 5.1　桥架

②金属槽道(桥架)因本身重量较大,为了使它牢固可靠,在槽道(桥架)的接头处、转弯处、离槽道两端的 0.5 m(水平敷设)或 0.3 m(垂直敷设)处以及中间每隔 2 m 等地方,应设置支撑构件或悬吊架,以保证槽道(桥架)安装稳固。

③明敷的塑料线槽一般规格较小,通常采用黏结剂粘贴或螺钉固定,要求螺钉固定的间距一般为 1 m。

④为了适应不同类型的线缆在同一个金属槽道中敷设需要,可采用同槽分室敷设方式,即用金属板隔开形成不同的空间,在这些空间分别敷设不同类型线缆。

⑤金属槽道不得在穿越楼板的洞孔或在墙体内进行连接。

⑥金属槽道在水平敷设时,应整齐平直;沿墙垂直明敷时,应排列整齐,横平竖直,紧贴墙体。

⑦金属槽道内有线缆引出管时,引出管材可采用金属管、塑料管或金属软管。金属槽道至通信引出端间的线缆宜采用金属软管敷设。

⑧金属槽道应有良好接地系统,并应符合设计要求。槽道间应采用螺栓固定法连接,在槽道的连接处应焊接跨接线。

5. 格形楼板线槽和沟槽相结合

格形楼板线槽和沟槽相结合的支撑保护方式是一种暗敷槽道,一般用于建筑面积大、信息点较多的办公楼层。施工具体要求有以下几点:

①格形楼板线槽必须与沟槽沟通,相连成网,以便线缆敷设。

②沟槽的宽度不宜过宽,一般不宜大于 600 mm,主线槽道宽度一般宜在 200 mm 左右,支线槽道宽度不小于 70 mm。

③为了不影响人员的工作和活动,沟槽的盖板应采用金属材料,可以开启,但必须与地面齐平,其盖板面不得高起凸出地面,盖板四周和通信引出端(信息插座)出口处应采取防水和防潮措施,以保证通信安全。

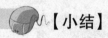【小结】

通过本任务,我们认识并学会使用了综合布线工程管槽安装施工过程中常用的各种工具,完成了综合布线工程项目中的建筑物内主干布线、水平布线的管槽安装施工。当完成本项目的时候,我们已经完成了综合布线工程施工的第一个环节,完成了相应管路和槽道的铺设工作,现在我们可以利用已有的管槽系统进行双绞线电缆和光缆的敷设了。

【习题】

1. 选择题

(1)管槽安装的基本要求不包括( )。

    A. 走最短的路由   B. 管槽路由与建筑物基线保持一致

    C. "横平竖直",弹线定位   D. 注意房间内的整体布置

(2)管子的切割严禁使用( )。

    A. 钢锯   B. 型材切割机   C. 电动切管机   D. 气割

(3)暗管管口应光滑,并加有绝缘套管,管口伸出建筑物的部位应在( )之间。

    A. 20 ~ 30 mm   B. 25 ~ 50 mm

    C. 30 ~ 60 mm   D. 10 ~ 50 mm

(4)在敷设管道时,应尽量减少弯头,每根管的弯头不应超过( ),并不应有 S 形弯出现。

    A. 2 个   B. 3 个   C. 4 个   D. 5 个

(5)由于通信电缆的特殊结构,电缆在布放过程中承受的拉力不要超过电缆允许张力的

( )。

    A.60%   B.70%   C.80%   D.90%

(6)金属管的连接可以采用( )。

    A.焊接   B.螺纹连接   C.密封胶   D.短套管或带螺纹的管接头

(7)安装机柜面板,柜前应留有( )空间,机柜背面离墙面距离视其型号而定,要便于安装和维护。

    A.0.5 m   B.0.6 m   C.0.8 m   D.1 m

(8)暗敷金属管时,金属管道应有不小于( )的排水坡度。

    A.0.1%   B.0.2%   C.0.3%   D.0.4%

2.问答题

(1)列举综合布线工程中常用的管槽安装工具。

(2)在综合布线工程中,能用哪些工具完成对一条钢管的切割?

(3)参观使用综合布线系统的某建筑物,观察其引入管路及进线间的设计安装。

(4)简述综合布线系统上升部分的建筑结构类型及其特点和适用场合。

(5)参观使用综合布线系统的某建筑物,观察其上升管路的设计安装。

(6)参观使用综合布线系统的某建筑物,观察其水平管路的设计安装。

(7)简述预埋暗敷管路的具体要求。

(8)简述明敷桥架的具体要求。

任务 3 双绞线敷设施工

当完成综合布线系统管槽系统安装后,接下来就要进行线缆布线施工了。综合布线系统的水平干线子系统一般采用双绞线电缆作为传输介质,垂直干线子系统则会根据传输距离和用户需求选用双绞线电缆或者光缆作为传输介质。由于双绞线电缆和光缆的结构不同,所以在布线施工中所采用的技术并不相同。本项目的主要目标是学会使用电缆布线施工的常用工具;完成建筑物内水平电缆和主干电缆布线施工,了解建筑群线缆布线施工的技术要点;完成工作区信息插座的端接和安装。

 5.3.1 双绞线敷设施工基本要求

1.双绞线的敷设的基本要求

①槽道检查。在布防电缆之前,对电缆经过的所有路由进行检查,清除槽道连接处的毛刺和突出尖锐物,清洁掉槽道里的铁屑、小石块、水泥渣等,保障一条平滑畅通的槽道。

②文明施工。在槽道中辐射电缆应采用人工牵引,牵引速度要慢。不宜猛拉紧拽,以防电缆防护套发生被磨、刮、蹭、拖等损伤。不要在布满杂物的地面上大力抛摔和拖放电缆。

禁止踩踏电缆,布线路由较长时,要多人配合平地移动电缆。特别应在转角处安排人值守理线,电缆的布放应自然平直,不得产生扭绞、打圈、接头等现象,不应受外力的挤压和损伤。

③放线记录。为了准确地核算电缆用量,充分利用电缆,对每箱电缆从第一次放线起,做一个放线记录表。电缆上每隔两英尺有一个长度记录,一箱线长 1 000 ft(305 m)。每个信息点放线时应记录开始处和结束处的长度,这样对本次放线的长度和线箱剩余的电缆的长度就一目了然,有利于将线箱中剩余的电缆布放至合适的信息点。

④电缆应有裕量以适应终结、检测和变更。双绞线电缆预留长度:在工作区宜为 3 ~ 6 cm,在电信区宜为 0.5 ~ 2 m,在设备间宜为 3 ~ 5 m;有特殊要求的应按设计要求预留长度。

2.桥架机线槽内电缆绑扎要求

①槽内电缆布放应平齐顺直、排列有序、尽量不交叉,在电缆进出线槽部位、转弯处应绑扎固定。

②电缆桥架内点看垂直敷设时,在电缆上端和每间隔 1.5 m 处应固定在桥架的支架上;水平敷设时,在电缆的首、尾、转弯及每间隔 5 ~ 10 m 处进行固定。

③在水平、垂直桥架中敷设电缆时,应对电缆进行绑扎。对双绞电缆、光缆及其他信号点看应根据线缆的类别、数量、缆径、线缆芯数分束绑扎。绑扎间距不宜大于 1.5 m,间距应均匀,不宜绑扎过紧或使线缆挤压。

3.电缆转弯时弯度半径应符合下列规定

①非屏蔽 4 对双绞线电缆的弯曲半径应至少为电缆外径的 4 倍。
②屏蔽 4 对双绞线电缆的弯曲半径应至少为电缆外径的 8 倍。
③主干双绞线电缆的弯曲半径应至少为电缆外径的 10 倍。

4.电缆宜其他管线的距离

电缆尽量远离其他管线,宜电力及其他管线的距离要符合表5.3 的规定。

表5.3 综合布线系统线缆宜电力电缆的间距

类 别	与综合布线接近状况	最小间距/mm
380 V 电力电缆 < 2 kV·A	与缆线平行敷设	130
	有一方在接地的金属线槽或钢管中	70
	双方都在接地的金属线槽或钢管中	10
380 V 电力电缆 2 ~ 5 kV·A	与缆线平行敷设	300
	有一方在接地的金属线槽或钢管中	150
	双方都在接地的金属线槽或钢管中	80
380 V 电力电缆 > 5 kV·A	与缆线平行敷设	600
	有一方在接地的金属线槽或钢管中	300
	双方都在接地的金属线槽或钢管中	150

5. 预埋线槽和暗管敷设电缆应符合下列规定

①敷设线槽和暗管的两端宜用标志表示出标号等内容。

②预埋线槽宜采用金属线槽,预埋或密封线槽的截面利用率应为 30% ~50% 。

③敷设暗管宜采用钢管或阻燃聚氯乙烯硬质管。布放大对数主干电缆及 4 芯以上双绞线时,直线管道的管径利用率应为 50% ~60% ,弯管道应为 40% ~50% 。暗管布放 4 对双绞线电缆的 4 芯及以下光缆时,管道的截面利用率应为 25% ~30% 。

6. 拉绳缆速度和拉力

拉绳缆的速度从理论上讲,线的直径越小,拉的速度愈快。快速拉绳会造成电缆的缠绕和被绊住。拉力过大,电缆变形,会引起电缆传输性能下降。电缆最大允许拉力为:

①1 根 4 对双绞线电缆,拉力为 100 N(10 kg)。

②2 根 4 对双绞线电缆,拉力为 150 N(15 kg)。

③3 根 4 对双绞线电缆,拉力为 200 N(20 kg)。

④n 根 4 对双绞线电缆,拉力为 $(n \times 50 + 50)$ N。

⑤25 对 5 类 UTP 电缆,最大拉力不能超过 40 kg,速度不宜超过 15 m/min。

7. 双绞线牵引

当同时布放的电缆数量较多时,就要采用电缆牵引。电缆牵引就是用一条拉绳或一条软钢丝绳将电缆牵引穿过墙壁管路、天花板和地板管路。牵引时拉绳与电缆的连接点应尽量平滑,所以要采用电工胶带紧紧地缠绕在连接点外面,以保证平滑和牢固。拉绳在电缆上固定的方法有拉环、牵引夹和直接将拉绳系在电缆上 3 种方式。尽可能保持电缆的结构是敷设双绞线时的基本原则,如果是少量电缆,可以在很长的距离上保持线对的几何结构;如果是大量地捆扎在一起的电缆,可能会产生挤压变形。

 ## 5.3.2　水平布线

1. 水平电缆布线施工的基本要求

水平干线子系统的线缆虽然是综合布线系统中的分支部分,但它具有面最广、量最大、具体情况多而复杂等特点,涉及的施工范围几乎遍布建筑中所有角落。因此在水平电缆布线施工过程中,还要注意以下几点:

①电缆应该总是与墙平行铺设。

②电缆不能斜穿天花板。

③在选择布线路由时,应尽量选择施工难度最小、最直和拐弯最少的路径。

④不允许将电缆直接铺设在天花板的隔板上。

2.水平双绞线敷设

（1）地板下的布线

目前,在综合布线系统中采用的地板下水平布线方法较多,这些布线方法中除原有建筑在楼板上面直接敷设导管布线方法不设地板外,其他类型的布线方法都是设有固定地板或活动地板。因此,这些布线方法都比较隐蔽美观,安全方便。例如新建建筑主要有地板下预埋管路布线法、蜂窝状地板布线法和地面线槽布线法(线槽埋放在垫层中),它们的管路或线槽甚至地板结构,都是在楼层的楼板中,是与建筑同时建成的。地板下布线的具体要求:

①在采用地板中预埋管路或线槽的布线方法和在楼层地板上面(固定或活动地板的下面)的布线方法时,都需注意以下具体要求,以保证布线质量,有利于今后使用和维护。

②不论何种地板下布线方法,除选择线缆的路由应短捷平直,装设位置安全稳定以及安装附件结构简单外,更要便于今后维护检修和有利于扩建改建。

③敷设线缆的路由和位置应尽量远离电力、给水和燃气等管线设施,以免遭受这些管线的危害而影响通信质量。水平线缆与其他管线设施间的最小净距与垂直干线子系统的要求相同。

④在水平布线系统中有不少支撑和保护线缆的设施,这些支撑和保护方式是否适用,产品是否符合工程质量的要求,对于线缆敷设后的正常运行将起重要作用。

（2）吊顶内布线

水平布线最常用的方法是在吊顶内布线,吊顶内的布线方法一般有装设槽道(桥架)和不设槽道两种方法。效果如图5.2所示。

图5.2　水平干线效果图

装设槽道布线方法是在吊顶内,利用悬吊支撑物装置槽道或桥架,这种方法会增加吊顶所承受的重量。

不设槽道布线方法是利用吊顶内的支撑柱(如 T 形钩、吊索等支撑物)来支撑和固定线缆。

吊顶内布线的具体要求如下：

①不论吊顶内是否装设槽道或桥架，电缆敷设应采用人工牵引。单根大对数电缆可以直接牵引，不需拉绳；如果是多根小对数线缆(如 4 对双绞线电缆)，应组成缆束，用拉绳在吊顶内牵引敷设。

②为了防止距离较长的电缆在牵引过程中发生被磨、刮、蹭、拖等损伤，可在线缆进出吊顶的入口处和出口处等位置增设保护措施和支撑装置。

③在牵引线缆时，牵引速度宜慢，不宜猛拉紧拽，如发生线缆被障碍物绊住，应查明原因，排除障碍后再继续牵引，必要时可将线缆拉回重新牵引。

3.墙壁上直接明敷的布线方式

在墙壁内预埋管路既美观隐蔽，又安全稳定，因此它是墙壁内敷设线缆的主要方式。但是在很多已建成的建筑中没有事先预留暗敷线缆的管路或线槽，此时只能采用明敷线槽的敷设方式，在这种方式中只能使用截面积小的线槽，且所需费用较高。此外还可将线缆直接在墙壁上敷设，这种布线方式造价很低，但缺点是既不隐蔽美观，又易被损伤，所以这种布线方式只能用在单根水平布线的场合。其具体方法是将线缆沿着墙壁下面踢脚板上或墙根边敷设，并使用钢钉线卡(包括圆钢钉和塑料线码)固定。

5.3.3 建筑物内主干双绞线布线

1.建筑物主干布线子系统缆线敷设的基本要求

建筑物主干布线子系统的缆线条数较多且路由集中，它是综合布线系统中重要骨干线路。因此在安装敷设前和整个施工过程中应注意以下几点基本要求，以保证敷设缆线的施工质量。

①为了使施工顺利进行在敷设缆线前应在施工现场对设计文件和施工图纸进行核对。尤其对主干路由中所采用的缆线型号、规格、程式、数量、起迄段落以及安装位置要重点复核，如有疑问应及早与设计单位和主管建设的部门共同协商，予以研究解决，以免耽误工程开展，影响施工进度。

②在敷设缆线前应对已运到施工现场的各种缆线进行清点和复查。其内容有缆线的型号、规格、长度、起始端和终端地点等，标签上的字迹应清晰、端正和正确，以便按施工顺序、对号入座进行敷设施工。

③为了减少缆线承受的拉力和避免在牵引过程中产生扭绞现象，在布放缆线前应制作操作方便、结构简单的合格牵引端头和连接装置，把它装在缆线的牵引端。由于建筑物主干布线子系统的主干缆线一般长度为几十米，应以人工牵引方法为主。

④为了保证缆线本身不受损伤，在缆线敷设时布放缆线的牵引力不宜过大，应小于缆线

允许张力的 80%。在牵引过程中为防止缆线被拖、蹭、刮、磨等损伤,应均匀设置吊挂或支撑的支持物,间距不应大于 1.5 m,或根据实际情况来决定。

⑤在建筑物主干布线子系统的缆线敷设时,需要相应的支撑固定件和保护措施,这就是支撑保护方式。它对主干缆线的安全运行起着保证作用,它是极为重要的环节。为此在建筑内的电缆竖井和上升房中设有暗敷管路、槽道包括桥架等装置,以便敷设主干缆线。

2. 建筑物主干布线子系统的缆线敷设方法

建筑物主干布线子系统的主干缆线敷设是极为重要的施工项目,它对于综合布线系统的有效使用具有决定性作用。这里介绍在敷设缆线中的几个主要问题。电缆敷设的施工方式目前在建筑中的电缆竖井或上升房内敷设电缆有两种施工方式,一种是由建筑的高层向低层敷设,利用电缆本身自重的有利条件向下垂放的施工方式;另一种是由低层向高层敷设将电缆向上牵引的施工方式。这两种施工方式虽然仅是敷设方向不同但差别较大,向下垂放远比向上牵引简便、容易、减少劳动工时和劳力消耗且加快施工进度,相反向上牵引费时费工困难较多。因此通常采用向下垂放的施工方式。只有在电缆搬运到高层确有很大困难时,才采用由下向上牵引的施工方式。在电缆敷设施工时应注意以下几点:

①向下垂放电缆的施工方式应将电缆搬到建筑的顶层。电缆由高层向低层垂放,要求每个楼层有人引导下垂和观察敷设过程中的情况,及时解决敷设中的问题。

②为了防止电缆洞孔或管孔的边缘不被磨破,电缆的外护套应在洞孔中放置一个塑料保护槽,以便保护。

③在向下垂放电缆的过程中要求敷设的速度适中,不宜过快,使电缆从电缆盘中慢速放下垂直进入洞孔。各个楼层的施工人员都应将经过本楼层的电缆徐徐引导到下一个楼层的洞孔,直到电缆逐层布放到要求的楼层为止,并要在统一指挥下宣布敷设完毕后,各个楼层的施工人员才将电缆绑扎固定。

④如果各个楼层不是预留直径较小的洞孔而是大的洞孔或通槽,这时不需使用保护装置,应采用滑车轮的装置将它安装在建筑的顶层,用绳索固定在洞孔或槽口中央,然后电缆通过滑车轮向下垂放。

⑤向上牵引电缆的施工方法一般采用电动牵引绞车,电动牵引绞车的型号和性能应根据牵引电缆的重量来选择。其施工顺序是由建筑的顶层下垂一条布放牵引拉绳,其强度应足以牵引电缆的所有重量,电缆长度为顶层到最底楼层,楼层将电缆牵引端与拉绳连接妥当。启动绞车慢速将电缆逐层向上牵引,直到电缆引到顶层,电缆应预留一定长度才停止绞车。此外各个楼层必须采取加固措施将电缆绑扎牢固以便连接。

⑥电缆布放时应保留一定冗余量。在交接间或设备间内,电缆预留长度一般为 3~6 m。主干电缆的最小曲率半径应至少是电缆外径的 10 倍,以便缆线的连接和今后维护检修时使用。

3. 电缆在电缆槽道或桥架上敷设和固定

综合布线系统的线缆常采用槽道或桥架敷设,在电缆槽道或桥架上敷设电缆时,应符合

以下规定:

①如果是在水平装设的桥架内敷设,应在电缆的首端、尾端、转弯处及每间隔 3~5 m 处进行固定;如是在垂直装设的桥架内敷设,应在电缆的上端和每间隔 1.5 m 处进行固定。

②电缆在封闭式的槽道内敷设时,要求在槽道内线缆均应平齐顺直,排列有序,尽量互相不重叠、不交叉,线缆在槽道内不应溢出,影响槽道盖盖合。

③在桥架或槽道内绑扎固定线缆时,应根据线缆的类型、缆径、线缆芯数分束绑扎,以示区别,也便于维护检查。绑扎的间距不宜大于 1.5 m,绑扎间距应均匀一致,绑扎松紧适度。

4. 电缆与其他管线的间距

在建筑物中设有各种管线系统,如燃气、给水、污水、暖气、电力等管线,当它们在正常运行,且远离通信线路时,一般不会对通信线路造成危害。但是当发生故障或意外事故时,它们泄漏出来的液体、气体或电流等就会对通信线路造成不同程度的危害,直接影响通信线路或使通信设备损坏,后果难以预料。因此,综合布线系统的主干线缆应尽量远离其他管线系统,在不得已时,要求有一定的间距,以保证通信网络得以安全运行。

5.3.4　信息插座端接和安装

综合布线系统所用的信息插座多种多样,信息插座的核心是信息模块,双绞线在与信息插座的信息模块连接时,必须按色标和线对顺序进行卡接。信息模块的端接有两种标准:EIA/TIA 568A 和 EIA/TIA 568B,两类标准规定的线序压接顺序有所不同,通常在信息模块的侧面会有两种标准的色标标注,要注意在同一工程中,只能有一种连接方式。

1. 端接信息插座

①将信息模块插入信息面板中相应的插槽内,把双绞线从布线底盒中拉出,剪至合适的长度。使用电缆准备工具剥除外层绝缘皮,然后,用剪刀剪掉抗拉线。

②将信息模块的 RJ-45 接口向下,置于桌面、墙面等较硬的平面上。

③分开网线中的 4 对线对,但线对之间不要拆开,按照信息模块上所指示的线序,稍稍用力将导线一一置入相应的线槽内。通常情况下,模块上同时标记有 568A 和 568B 两种线序,用户应当根据布线设计时的规定,与其他连接设备采用相同的线序。

④将打线工具的刀口对准信息模块上的线槽和导线,垂直向下用力,听到"喀"的一声,模块外多余的线会被剪断。重复这一操作,可将 8 条芯线一一打入相应颜色的线槽中。

⑤将模块的塑料防尘片沿缺口插入模块,并牢牢固定于信息模块上,现在模块端接完成。

⑥将信息模块插入信息面板中相应的插槽内,再用螺丝钉将面板牢牢地固定在信息插座的底盒上,即可完成信息插座的端接。

2.双绞线跳线的制作

双绞线的制作参见本书2.1.2节。

3.信息插座的安装

①信息插座底盒的安装。安装在墙上的信息插座,其位置宜高出地面300 mm左右。如房间地面采用活动地板时,信息插座应离活动地板地面为300 mm。安装在地面上或活动地板上的地面信息插座,由接线盒体和插座面板两部分组成。插座面板有直立式(面板与地面成45°,可以倒下成平面)和水平式等几种。线缆连接固定在接线盒体内的装置上,接线盒体均埋在地面下,其盒盖面与地面平齐,可以开启,要求必须有严密防水、防尘和抗压功能。在不使用时,插座面板与地面齐平,不影响人们正常行动。

②信息模块的安装。模块端接后,接下来就要安装到信息插座内,以便工作区终端设备的使用。各厂家信息模块的安装方法相似,具体可以参考厂家说明资料。下面以IBDN EZ-MDVO插座安装为例,介绍信息模块的安装步骤。

第一步:将已端接好的IBDN GigaFlex模块卡接在插座面板槽位内。

第二步:将已卡接了模块的面板与暗埋在墙内的底盒接合在一起。

第三步:用螺丝将插座面板固定在底盒上。

第四步:在插座面板上安装标签条。

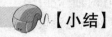【小结】

通过本任务,我们认识并学会使用了综合布线工程电缆布线施工过程中常用的各种工具,完成了综合布线工程项目中的建筑物内水平电缆和主干电缆的布线施工;同时了解了建筑群线缆布线施工的基本情况和技术要点,完成了工作区信息插座的端接和安装。当完成本项目的时候,我们已经基本完成了综合布线工程的电缆布线施工工作,现在我们应该进行机柜及配线设备的安装和端接了。

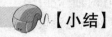【习题】

1.选择题

(1)目前在网络布线方面,主要有两种双绞线布线系统在应用,即(　　　)。

    A.4类、5类布线系统　　　　　　　B.5类、6类布线系统

    C.超5类、6类布线系统　　　　　　D.4类、6类布线系统

(2)信息插座在综合布线系统中主要用于连接(　　　)。

    A.工作区与水平子系统　　　　　　B.水平子系统与管理子系统

    C.工作区与管理子系统　　　　　　D.管理子系统与垂直子系统

(3)由于通信电缆的特殊结构,电缆在布放过程中承受的拉力不要超过电缆允许张力的80%。下列关于电缆最大允许拉力值的说法中,正确的有(　　　)。

A.1 根 4 对双绞线电缆,拉力为 5 kg

B.2 根 4 对双绞线电缆,拉力为 10 kg

C.3 根 4 对双绞线电缆,拉力为 15 kg

D.n 根 4 对双绞线电缆,拉力为($n \times 4 + 5$) kg

(4)下列有关电缆布放的描述,不正确是(　　)。

A.电缆安装位置应符合施工图规定,左右偏差最大可以超过 50 mm

B.去掉电缆的外护套长度只要够端接用即可

C.处理电缆时应注意避免弯曲超过 90°,避免过紧地缠绕电缆

D.5 类以上电缆线对的非扭绞长度必须小于 13 mm。

(5)安装在墙上的信息插座,其位置宜高出地面(　　)左右。

A.100 mm　　　　B.200 mm　　　　C.300 mm　　　　D.400 mm

(6)布放线缆应有冗余。在交接间、设备间的双绞线电缆预留长度一般为(　　),工作区为 0.3 ~0.6 m。

A.1 ~5 m　　　　B.2 ~5 m　　　　C.2 ~6 m　　　　D.3 ~6 m

2.问答题

(1)双绞线电缆布线在转弯时对弯曲半径有哪些要求?

(2)在综合布线工程中,如何牵引 5 条 4 对双绞线电缆?

(3)在吊顶内一般应如何敷设双绞线电缆?

(4)垂直敷设主干电缆有哪些方法,分别用于什么场合?

(5)简述向下垂放电缆布线方法的基本步骤。

(6)简述信息模块的端接步骤。

任务 4　机柜和配线设备安装

电缆布放完成了,接下来我们继续进行机柜及配线设备的安装和端接。

5.4.1　机柜安装

目前,国内外综合布线系统所使用的配线设备的外形尺寸基本相同,都采用通用的 19 inch 标准机柜,实现设备的统一布置和安装施工。

机柜安装的基本要求如下:

①机柜的安装位置、设备排列布置和设备朝向应符合设计要求。

②机柜安装完工后,垂直偏差度不应大于 3 mm。

③机柜及其内部设备上的各种零件不应脱落或碰坏,表面漆面如有损坏或脱落,应予以补漆。各种标志应统一、完整、清晰、醒目。

④机柜及其内部设备必须安装牢固可靠。各种螺丝必须拧紧,无松动、缺少、损坏或锈

127

蚀等缺陷,机柜更不应有摇晃现象。

⑤为便于施工和维护人员操作,机柜前应预留 1 500 mm 的空间,其背面距离墙面应大于 800 mm。

⑥机柜的接地装置应符合相关规定的要求,并保持良好的电气连接。

⑦如采取墙上型机柜,要求墙壁必须坚固牢靠,能承受机柜重量,柜底距地面宜为 300 ~ 800 mm,或视具体情况而定。

⑧在新建建筑中,布线系统应采用暗线敷设方式,所使用的配线设备也可采取暗敷方式,埋装在墙体内。在建筑施工时,应根据综合布线系统要求,在规定位置处预留墙洞,并先将设备箱体埋在墙内,布线系统工程施工时再安装内部连接硬件和面板。

5.4.2 配线架端接

在楼层配线间和设备间内,模块式快速配线架和网络交换机一般安装在 19 inch 的标准机柜内。为了使安装在机柜内的模块式快速配线架和网络交换机美观大方且方便管理,必须对机柜内设备的安装进行规划,具体遵循以下原则:

①一般可以模块式快速配线架安装在机柜下部,交换机安装在其上方。

②每个模块式快速配线架之间安装有一个理线器,每个交换机之间也要安装理线器。

③正面的跳线从配线架中出来全部要放入理线器内,然后从机柜侧面绕到上部的交换机间的理线器中,再接插进入交换机端口。

下面以 IBDN PS5E HD-BIX 配线架为例,介绍模块快速配线架的安装步骤。

①使用螺丝将 HD-BIX 配线架固定在机架上。

②在配线架背面安装理线环,将电缆整理好后固定在理线环中并用扎带固定。一般情况下,每 6 根电缆作为一组进行绑扎。

③根据每根电缆连接口的位置,测量端接电缆应预留的长度,然后使用平口钳截断电缆。

④根据系统安装标准选定 EIA/TIA 568A 或 EIA/TIA 568B 标签,然后将标签压入模块组插槽。

⑤根据标签色标排列顺序,将对应颜色的线对逐一压入槽内,然后使用打线工具固定线对连接,同时将伸出槽位外多余的导线截断。

⑥将每组线缆压入槽内,然后整理并绑扎固定线缆。

⑦将跳线通过配线架下方的理线架整理固定后,逐一插到配线架前面板的 RJ-45 接口,最后编好标签并贴在配线架前面板。

5.4.3 大对数电缆的端接

128

首先将颜色分类:

主色:蓝、橙、绿、棕、灰;

副色:白、红、黑、黄、紫;

以 25 对为一组;100 对线缆分蓝、橙、绿、棕 4 组;200 对时,每 100 对为一组,分别捆扎隔离。安装时,以 100 对 110 配线架为例,第一排,依次为:蓝白,蓝红,蓝黑,蓝黄,蓝紫,橙白,…,灰紫,共25对。设备间效果图如图5.3所示。

图5.3　设备间效果图

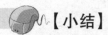【小结】

通过本任务,我们完成了机柜和双绞线配线架的安装和端接。当完成本项目的时候,我们已经基本完成了综合布线工程的电缆布线施工工作,由于本综合布线工程采用了双绞线和光缆混合布线的方法,因此我们还需要进行光缆的敷设。

【习题】

1.选择题

(1)安装机柜面板,柜前应留有(　　)空间,机柜背面离墙面距离视其型号而定,要便于安装和维护。

　　A.0.5 m　　　　　　B.0.6 m　　　　　　C.0.8 m　　　　　　D.1 m

(2)布放线缆应有冗余。在交接间、设备间的双绞线电缆预留长度一般为(　　),工作区为 0.3～0.6 m。

　　A.1～5 m　　　　　　B.2～5 m　　　　　　C.2～6 m　　　　　　D.3～6 m

(3)下列有关双绞线电缆端接的一般要求中,不正确的是(　　)。

　　A.电缆在端接前,必须检查标签颜色和数字的含义,并按顺序端接

　　B.电缆中间可以有接头存在

　　C.电缆端接处必须卡接牢靠,接触良好

　　D.双绞线电缆与连接硬件连接时,应认准线号、线位色标,不得颠倒和错接

2.问答题

(1)简述双绞线跳线的制作方法。

(2)简述模块式快速配线架的安装和端接步骤。

任务5 光缆的敷设和端接

光缆和电缆都是通信线路的传输介质,其施工方法虽然基本相似,但由于光纤本身结构的特性,光信号必须密封在由光纤包层所限制的光波导管里传输,所以光缆施工的难度要比电缆施工大,这种难度主要包括光缆的敷设难度和光纤的连接难度。本任务的主要目标是了解光缆布线施工的一般要求,学会使用光缆布线施工的常用工具;完成建筑物内光缆布线施工,了解建筑群光缆布线施工的技术要点;完成光缆的接续和端接。

5.5.1 光缆施工要求

光缆施工一般要求:

①必须在施工前对光缆的端别予以判定并确定 A、B 端,不得使端别排列混乱。

②根据运到施工现场的光缆情况,结合工程实际,合理配盘。

③光纤的接续人员必须经过严格培训,取得合格证才准上岗操作。

④在装卸光缆盘作业时,应使用叉车或吊车,如采用跳板时,应小心细致,严禁将光缆盘从车上直接推落到地上。

⑤光缆如采用机械牵引,牵引力应用拉力计监视,不得大于规定值。

⑥光缆出盘处要保持松弛的弧度,并留有缓冲的余量,又不宜过多,避免光缆出现背扣、扭转或小圈。

⑦光缆应单独占用管道管孔,如利用原有管道和铜缆合用时,应在管孔中穿放塑料子管,塑料子管的内径应为光缆外径的 1.5 倍,光缆在塑料子管中敷设,不应与铜缆合用同一管孔。

⑧采用穿光纤系统时,应根据穿放光纤的客观环境、光纤芯数、光纤长度、光纤弯曲次数及管径粗细等因素,决定压缩空气机的大小,选用气吹光纤机等相应设备以及施工方法。

5.5.2 光缆布放

1.建筑物内光缆布线施工

(1)向下垂放光缆

向下垂放光缆的基本操作步骤如下:

①将光缆卷轴搬到建筑物的最高层。

②在建筑物最高层距竖井 1~1.5 m 处安放光缆卷轴,以使在卷筒转动时能控制光缆布

放,要将光缆卷轴置于平台上以便保持在所有时间内都是垂直的。

③在竖井的中心上方处安装一个滑轮,然后把光缆拉出绞绕到滑轮上,引导光缆进入竖井。

④慢慢地从卷轴上拉出光缆并进入竖井向下垂放,注意速度应平稳且不能太快。

⑤继续向下布放光缆,直到下一层布线工人能将光缆引到下一层孔洞。

⑥按前面的步骤,继续慢慢地布放光缆,并将光缆引入各层的孔洞。

(2)向上牵引光缆

向上牵引光缆与向下垂放光缆方向相反,其操作步骤如下:

①先往绞车上穿一条拉绳。

②启动绞车,并往下垂放条拉绳,拉绳向下垂放直到安放光缆的底层。

③将光缆与拉绳牢固地绑扎在一起。

④启动绞车,慢慢地将光缆通过各层的孔洞向上牵引。

⑤光缆的末端到达顶层时,停止绞车。

⑥在地板孔洞边沿用夹具将光缆固定。

⑦当所有连接制作好之后,从绞车上释放光缆的末端。

2. 管道光缆的敷设

管道光缆的敷设应注意以下问题:

①在敷设光缆前,应根据设计文件和施工图纸对选用光缆穿放的管孔数及其位置进行核对,如所选管孔孔位需要改变时,应取得设计单位同意。

②敷设光缆前,应逐段将管孔清刷干净和试通。

③光缆的牵引端头可以预制,也可在现场制作。

④光缆采用人工牵引布放时,每个人孔或手孔应有人值守帮助牵引,机械布放光缆时,不需每个人孔均有人,但在拐弯人孔处应有专人照看。

⑤光缆一次牵引长度一般不应大于 1 000 m。超长距离时,应分段牵引或在中间适当地点增加辅助牵引,以减少光缆张力和提高施工效率。

⑥为了在牵引过程中保护光缆外护套不受损伤,在光缆穿入管孔或管道拐弯处以及与其他障碍物有交叉时,应采用导引装置或喇叭口保护管等进行保护。

⑦光缆敷设后,应在人孔或手孔中逐次将光缆放置在规定的托板上,并应留有适当余量,避免光缆过于绷紧。

⑧光缆在管道中间的管孔内不得有接头。

⑨光缆与其接头在人孔或手孔中均应放在人孔或手孔铁架的电缆托板上予以固定绑扎,并应按设计要求采取保护措施。

⑩光缆在人孔或手孔中应注意以下几点:

- 光缆穿放的管孔出口端应封堵严密,以防水分或杂物进入管内。
- 光缆及其接续应有识别标记,标记内容有编号、光缆型号和规格等。
- 在严寒地区应按设计要求采取防冻措施,以防光缆受冻损伤。
- 如光缆有可能被碰损伤时,可在其周围设置绝缘板材隔断,以便保护。

● 光缆敷设后应检查外护套有无损伤,不得有压扁、扭伤和折裂等缺陷。

3．直埋光缆的敷设

①直埋光缆的埋设深度应符合规定。

②在敷设光缆前应先清理沟底,沟底应平整,无碎石和硬土块等有碍于光缆敷设的杂物。

③在同一路由上,如直埋光缆与直埋电缆同沟敷设,应先敷设电缆,后敷设光缆,光缆和电缆在沟底应平行排列。

④直埋光缆在智能小区、校园式的大院或街坊内的敷设位置,应在统一的管线规划综合协调下进行安排布置,以减少管线设施之间的矛盾。

⑤在智能小区布放光缆时,因道路狭窄操作空间小,宜采用人工抬放敷设,施工人员应根据光缆的重量,按 2～10 m 的距离排开抬放。

⑥光缆敷设完毕后,应及时检查光缆的外护套,如有破损等缺陷应立即修复,并测试其对地绝缘电阻。

⑦在智能小区内敷设的光缆,应按设计规定在光缆上面铺设红砖或混凝土盖板,应先覆盖 20 cm 厚的细土再铺红砖,并根据敷设光缆条数采取不同的铺砖方式。

⑧直埋光缆的接头处、拐弯点、预留长度处以及与其他地下管线交越处,应设置标志,以便今后维护检修。

4．架空光缆的敷设

架空敷设光缆的方法基本上与架空敷设电缆相同,其差别是光缆不能自承重,因此在架空敷设光缆时必须将其固定到电杆之间的钢绳上。由于综合布线的建筑群主干光缆一般不宜使用架空方式敷设,所以对于架空光缆的敷设不再赘述。

 5.5.3 光纤熔接

1．光纤接续和端接技术

光纤接续是指两段光纤之间的连接。光纤的线芯是石英玻璃,光信号封闭在由光纤包层所限制的光波导管内进行传输,光纤接续不能使光信号从光纤的连接处辐射出来。光纤接续有机械连接和熔接两种方法,目前在工程中主要采用熔接法。

光纤端接是指由于有些连接器会构成光纤链路的末端,所以附加的连接器也被称为光纤终端,光纤链路与光纤终端的连接被称为光纤端接。光纤端接有现场安装和尾纤端接两种方式。现场安装是在现场直接将连接器接到光纤,这种方法相对比较灵活,成本也比较低,但会引入较高的损耗;尾纤是带有连接器的一段光纤,尾纤端接的价格比较昂贵,但却能提供比较高的端接质量。

2．光纤连接与损耗

无论何种光纤连接方式都会引入损耗,光纤连接的损耗主要有内部损耗、外部损耗和反射损耗。内部损耗是由于两根光纤之间的不匹配和不同轴性造成的,不匹配是由于光纤的机械尺寸超出了容许偏差,它不能通过提高连接技术来解决。外部损耗是由于接续不理想而导致的,包括光纤末端处理不当和光纤末端表面上的外来微粒。反射损耗是由于在接续处存在两个不同表面的接触使一些光被反射回来造成的,这种现象称为菲涅尔反射。

在光缆连接施工前,应核对光缆的型号和规格等是否与设计要求相符,确认正确无误才能施工。

对光缆的端别必须开头检验识别,要求必须符合规定。

要对光缆的预留长度进行核实,要求在光纤接续的两端和光纤端接设备的两侧,必须预留足够的长度,以利于光纤接续或光纤端接。

在光纤接续或端接前,应检查光纤质量,在确认合格后方可进行接续或端接。光纤质量主要是光纤衰减常数、光纤长度等。

光纤接续和光纤端接都要求光纤端面极为清洁光亮,以确保光纤连接后的传输特性良好。

在光缆连接施工的全过程,都必须严格执行操作规程中规定的工艺要求。

光纤接续的平均损耗、光缆接头套管的封合安装以及防护措施等都应符合设计文件中的要求或有关标准的规定。

3. 光纤熔接

(1)熔接过程

①准备好相应工具。

②光纤熔接的准备工作。

剥除光纤加固钢丝和光纤外皮。

去掉光纤内的保护层,要特别注意的是由于光纤纤芯是用石英玻璃制作的,很容易折断,因此应特别小心。

不管工作中多小心也不能保证光纤纤芯没有一点污染,因此在熔接工作开始之前必须对光纤纤芯进行清洁。

清洁完毕后要给需要熔接的两根光纤各自套上光纤热缩套管。

剥除光纤绝缘层,用蘸酒精的湿巾擦拭干净。

用光纤切割工具切割光纤,注意长度要适中。

③光纤熔接。

将处理好的两根光纤放置在光纤熔接机中,两根光纤应尽量对齐,然后固定。

将光纤纤芯固定,按 SET 键开始熔接,可以从光纤熔接机的显示屏中可以看到光纤纤芯的对接情况。

光纤熔接机会对两根光纤自动调节对正,当然也可以通过按钮 X,Y 手动调节位置。

熔接结束后观察光纤熔接机上显示的损耗值,若熔接不成功,会显示原因。

④光纤的封装。

用光纤热缩套管完全套住光纤被剥掉绝缘层的部分,把套好热缩套管的光纤放到加热器中。

按 HEAT 键开始加热,过 10 s 后就可以拿出来了。至此,完成了两根光纤的熔接工作。

（2）影响光纤熔接损耗的主要因素

影响光纤熔接损耗的因素较多,大体可分为以下 4 个方面:

①光纤本征因素,即光纤自身因素。

②光纤施工质量。

③操作技术不当。

④熔接机本身质量问题。

（3）提高光纤熔接质量的方法

①统一光纤材料。

②光缆敷设按要求进行。

③挑选经验丰富训练有素的专业人员进行接续。

④接续光缆在整洁的环境中进行。

⑤选用精度高的光纤端面切割器加工光纤端面。

⑥熔接机的正确使用。

 ## 5.5.4　光纤端接

1.光纤颜色编码

双绞线电缆的颜色编码是基于线对的,但光缆颜色编码是为每一根光纤分配一个颜色。颜色序列共有 12 种不同的颜色,如果光缆中光纤的数目超过 12 根,则重复此过程,并带一个黑色的标记带,因此第 13 根光纤为蓝色/黑色,第 14 根光纤为橙色/黑色等。如果光纤数目超过了 24 或者是 12 的倍数,标记带也相应加倍。光纤颜色编码序号见表5.4。

表 5.4　光纤颜色编码序号表

序　号	颜色编码	序　号	颜色编码
1	蓝色	7	红色
2	橙色	8	黑色
3	绿色	9	黄色
4	棕色	10	紫色
5	石灰色	11	玫瑰色
6	白色	12	水绿色

2.光纤连接器的现场安装

①检查安装工具是否齐全,打开 900 μm 光纤连接器的包装袋,检查连接器的防尘罩是否完整。如果防尘罩不齐全,则不能用来压接光纤。900 μm 光纤连接器主要由连接器主体、后罩壳、900 μm 保护套。

②将夹具固定在设备台或工具架上,旋转打开安装工具直至听到咔嗒声,接着将安装工具固定在夹具上。

③拿住连接器主体保持引线向上,将连接器主体插入安装工具,同时推进并顺时针旋转45°,把连接器锁定。

④将900 μm保护套紧固在连接器后罩壳后部,然后将光纤平滑地穿入保护套和后罩壳组件。

⑤使用剥除工具从900 μm缓冲层光纤的末端剥除40 mm的缓冲层,为了确保不折断光纤可按每次5 mm逐段剥离。剥除完成后,从缓冲层末端测量9 mm并做上标记。

⑥用一块折叠的酒精擦拭布清洁裸露的光纤2～3次,不要触摸清洁后的裸露光纤。

⑦使用光纤切割工具将光纤从末端切断7 mm,然后使用镊子将切断的光纤放入废料盒内。

⑧将已切割好的光纤插入显微镜中进行观察。

⑨通过显微镜观察到的光纤切割端面,判断光纤端面是否符合要求。

⑩将连接器主体的后防尘罩拔除并放入垃圾箱内。

⑪小心将裸露的光纤插入到连接器芯柱直到缓冲层外部的标志恰好在芯柱外部,然后将光纤固定在夹具中可以允许光纤轻微弯曲以便光纤充分连接。

⑫压下安装工具的助推器,勾住连接器的引线,轻轻地放开助推器,通过拉紧引线可以使连接器内光纤与插入的光纤连接起来。

⑬小心地从安装工具上取下连接器,水平地拿着挤压工具并压下工具,将连接器插入挤压工具的最小的槽内,用力挤压连接器。

⑭将连接器的后罩壳推向前罩壳并确保连接固定。

3. 光纤连接器的互连

(1)连接器的互连

• 对于互连模块来说,连接器的互连是将两条半固定的光纤通过其上的连接器与此模块嵌板上的耦合器互连起来,做法是将两条半固定光纤上的连接器从嵌板的两边插入其耦合器中。

• 对于交叉连接模块来说,互连是将一条半固定光纤上的连接器插入嵌板上耦合器的一端中,此耦合器的另一端中插入的是光纤跳线的连接器,然后将光纤跳线另一端的连接器插入要交叉连接的耦合器的一端,该耦合器的另一端中插入要交叉连接的另一条半固定光纤的连接器。

(2)ST连接器互连的步骤

①清洁ST连接器。拿下ST连接器头上的黑色保护帽,用酒精擦拭布轻轻擦拭连接器头。

②清洁光纤耦合器。

③将ST连接器插到一个光纤耦合器中。

④重复以上步骤,直到所有的ST连接器都插入耦合器。

135

4. 光纤配线架的安装

①打开并移走光纤配线架的外壳,在配线架内安装上耦合器面板。

②用螺丝将光纤配线架固定在机架合适的位置上。

③从光缆末端分别测量出 297.2 cm 和 213.4 cm 位置并打上标记,以便后续的光缆安装。

④距光缆末端297.2 cm 处剥除光缆的外皮并清洁干净,在距光缆末端111.8 cm 处打上标记,并在光缆已剥除外皮的部分覆盖一层电工胶皮,以便进行光缆的固定。

⑤将光缆穿放到机架式光纤配线架并对光缆进行固定。

⑥将光缆各纤芯与尾纤熔接好后,各尾纤在配线架内盘绕安装并接插到配线架的耦合器内。

⑦将光纤配线架的外壳盖上,在配线架上标签区域写下光缆标记。

⑧移去耦合器防尘罩,接插光纤跳线到耦合器,另一端连接设备的光纤接口。

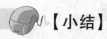【小结】

通过本任务,我们学习了综合布线光缆布线施工中常用工具的使用方法;完成了综合布线工程项目中建筑物内主干光缆的布线施工,了解了建筑群光缆布线施工的基本情况和技术要点;完成了光缆布线施工中必要的接续和端接工作,完成了光纤配线架的安装。当完成本项目的时候,综合布线工程项目的布线施工工作已经基本完成,但是我们所做的工程是否能达到设计要求,是否能通过用户的验收,还需要进行严格的测试工作。

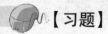【习题】

1. 选择题

(1)下面有关光缆成端端接的描述,不正确的是(　　　)。

A. 制作光缆成端普遍采用的方法是熔接法

B. 所谓光纤拼接就是将两段光缆中的光纤永久性地连接起来

C. 光纤端接与拼接不同,属非永久性的光纤互连,又称光纤活接

D. 光纤互连的光能量损耗比交叉连接大

(2)下面有关光缆布放的描述,不正确的是(　　　)。

A. 光缆的布放应平直,不得产生扭绞、打圈等现象,不应受到外力挤压或损伤

B. 光缆布放时应有冗余,在设备端预留长度一般为 5～10 m

C. 以牵引方式敷设光缆时,主要牵引力应加在光缆的纤芯上

D. 在光缆布放的牵引过程中,吊挂光缆的支点间距不应大于 1.5 m

2. 问答题

(1)简述光缆布线施工的特点。

(2)光缆施工前应如何对光缆进行检验?

(3)简述在弱电竖井敷设光缆的基本方法和步骤。

(4)什么是光纤接续,其主要方法有哪些?

(5)什么是光纤端接,其主要方法有哪些?

(6)简述光纤熔接的过程。

(7)简述光纤配线架的安装过程。

模块 5　学习自评

知识目标评价表

任　务	知识目标	了　解	理　解	掌　握
任务 1	综合布线工程施工准备			
任务 2	布线系统的管槽安装			
任务 3	双绞线敷设施工			
任务 4	机柜和配线设备安装			
任务 5	光缆的敷设和端接			

能力目标评价表

能　力		未掌握	基本掌握	能应用	能熟练应用
专业能力	综合布线工程施工准备				
	布线系统的管槽安装				
	双绞线敷设施工				
	机柜和配线设备安装				
	光缆的敷设和端接				

综合布线工程项目管理

【模块目标】

◆ 明确施工组织管理概念及内容

◆ 系统掌握综合布线工程中现场管理措施及施工要求

◆ 熟悉综合布线工程中布线系统工程监理体系和要求

任务1 施工组织管理

综合布线工程是一个系统工程,要使综合布线设计方案最终在实际使用中完美体现,工程组织是十分重要的环节。综合布线的工程组织是时间性很强的工作,具有步骤性、经验性和工艺性的特点。

6.1.1 工程施工管理概要

1.综合布线系统工程施工的基本要求

综合布线系统工程施工的基本要求参照以下规范:
①建筑与建筑群综合布线系统工程施工及验收规范。
②本地网通信线路工程验收规范。
③通信管道工程施工及验收技术规范。
④电信网光纤数字传输系统工程施工及验收暂行技术规定。
⑤市内通信全塑电缆线路工程施工及验收技术规范。

2.综合布线系统工程施工前的准备

(1)熟练掌握和全面了解设计文件和图纸
①对工程设计文件和施工图纸详细阅读,对其中主要内容如设计说明、施工图纸和工程概算等部分,相互对照,认真核对。
②会同设计单位现场核对施工图纸进行安装施工技术交底。设计单位有责任向施工单位对设计文件和施工图纸的主要设计意图和各种因素考虑进行介绍。
(2)现场调查工程环境的施工条件
①综合布线系统的缆线绝大部分是采取隐蔽的敷设方式。
②在现场调查中要复核设计的缆线敷设路由和设备安装位置是否正确适宜,有无安装施工的足够空间或需要采取补救措施或变更设计方案。
③对于设备和干线交接间等专用房间,必须对其环境条件和建筑工艺进行调查和检验。
(3)编制安装施工进度顺序和施工组织计划
根据综合布线系统工程设计文件和施工图纸的要求,结合施工现场的客观条件。设备器材的供应和施工人员的数量等情况,安排施工进度计划和编制施工组织设计,力求做到合理有序地进行安装施工。因此,要求安装施工计划必须详细、具体、严密和有序,便于监督实施和科学管理。

3.设备、器材、仪表和工具的检验

（1）设备和器材检验的一般要求

①在安装施工前，对设备进行详细清点和抽样测试。

②工程中所需主要器材的型号、规格、程式和数量都应符合设计规定要求。

③缆线和主要器材数量必须满足连续施工的要求。

④经清点、检验和抽样测试的主要器材应做好记录。

（2）设备和器材的具体检验要求

①缆线的检验要求。

②配线接续设备的检验要求。

③接插部件的检验要求。

④型材、管材和铁件的检验要求。

（3）仪表和工具的检测

①测试仪表的检验和要求：测试仪表应能测试3、4、5类对绞线对称电缆的各种电气性能，是按T/A/E/A/TSB67中规定的二级精度要求考虑，注意搬运过程中精密仪器的安全。

②施工工具的检验：在工具的准备过程中应考虑周到，实际施工中每种情况都可能发生，运用到的工具很多，这里就不一一列举。

 ## 6.1.2 工程施工管理机构

针对综合布线工程的施工特点，施工单位要制订一整套规范的人员配备计划。下面给出一个参考性的工程施工组织机构。实际的工程项目施工组织由施工单位根据实际情况来增减管理机构。

● 工程项目总负责人　工程项目总负责人对工程的全面质量负责，监控整个工程的动作过程，并对重大的问题作出决策和处理。

● 项目管理部　项目管理部是项目管理的最高职能机构。

● 商务管理部　商务管理部负责项目的一切商务活动，主要由财务组和项目联络协调组组成。前者负责项目中所有财务事务、合同审核、预算计划、各种商务文件管理和与建设方的财务结算等工作；后者主要负责与建设方各方面的联络协调工作、与施工部门的联络协调工作和与产品厂商的协调联络工作。

● 项目经理部　项目经理部统筹综合布线工程项目的所有设计、施工、测试和维修等工作，其下分为3个职能部门，即质安部、施工部和物料计划统筹部。

● 质安部　质安部主要负责审核设计中使用产品的性能指标、审核项目方案是否满足标书要求、工程进展检验、工程施工质量检验、物料品质数量检验、施工安全检查、测试标准检查等。

● 施工部　施工部主要承担综合布线的工程施工，其下的施工组，各组分工明确，又可相互制约。布线施工组主要负责各种线槽、线管和线缆的布放、捆绑、标记等工作；设备安装施工组主要负责卡接、配线架打线、机柜安装、面板安装以及各种色标制作和施工中的文档

管理等工作;测试组主要按照标准进行测试工作,编写测试报告和管理各种测试文档;维修组主要提供 24 小时响应的维修服务。

● 物料计划统筹部　物料计划统筹部主要根据合同及工程进度及时安排好库存和运输,为工程提供足够的物料。

● 资料员　资料员在项目经理的直接领导下,负责整个工程的资料管理,制订资料目录,保证施工图纸为当前有效的图纸版本;负责提供与各系统相关的验收标准及表格;负责制订竣工资料;负责本工程技术建档工作,收集验收所需的各种技术报告;协助整理本工程的技术档案,负责提出验收报告。

 6.1.3　项目管理人员组成

1.总工程师

①负责机房的网络综合布线设计和施工。
②为客户提供技术支持服务,解决使用过程中出现的问题。
③负责有关网络布线的技术支持、安装指导、产品培训。
④负责建筑智能化综合布线项目方案的撰写、产品配置、图纸绘制。

2.工程主管

①负责组织、安排本部门的各项工作。
②负责组织编制、修订工程管理规章制度和工作规程。
③负责制订工程部组织架构并配合本部门员工招聘工作。
④综合布线工程预算。
⑤职员评估。
⑥日常工作管理。
⑦工程维修质量控制。
⑧工程技术人员业务培训。
⑨审批所有装修图纸以及大小技改工程,报主管领导批准。
⑩协调各专业间的工作,调配人事,尽量减少工作矛盾,定期进行工程例会。
⑪完成总经理临时安排的其他工作。

3.项目经理

①合同履约的负责人。
②项目计划的制订和执行监督人。
③项目组织的指挥员。
④项目协调工作的纽带。
⑤项目控制的中心。

4. 技术负责人

①编制施工方案及施工计划。

②编制材料计划,包括月计划、资金使用计划。

③编制施工进度计划。

④负责对土建、水电、绿化各分项工程的部位技术交底及施工工艺对下交底,并负责协调土建、水电、绿化的施工工序搭接的相互间的配合工作,土建、水电、绿化的施工员相互配合工作。

⑤负责对材料进场的核实,对施工队已完成的分项工程量进行数量、质量验收,并负责对进度、安全、质量、现场管理、成本控制的检查工作。

⑥负责对整个项目的钢筋下料审查、核对工作。

⑦负责对甲方监理、隐蔽工程、设计变更、工程增减的签证工作。

⑧按公司的要求做整个项目的工程成本控制工作。

⑨负责工程技术资料与工程进度同步进行。

5. 质量安全负责人

①负责国家有关质量安全标准的组织学习、贯彻和实施。

②负责组织对从事与质量安全有关的检验工作定期进行评价。

③负责组织编制、修改质量安全管理制度文件。

④负责进行质量安全管理制度运行中的协调工作,保证质量安全管理制度的有效运行。

⑤负责组织协调企业的质量安全管理、卫生检疫、质量安全监督、检验和质量安全改进工作。

6. 材料及设备负责人

①执行项目部的各项规章制度,遵守财经纪律,廉洁奉公,拒收贿赂,维护公司利益,为项目部把好材料关。

②对所有进场物资把好质量关、数量关,根据现场施工进度,按材料计划准时进场,对查出质量、数量问题的材料及时通知供货方进行退换货。

③要求收料员查看材质单、合格证或检测报告,建立材质单、合格证、检测报告收发台账。所有进场材料应按规定码放整齐,无材质单、合格证或检测报告,不给予正式验收。

④积极推行计划用料、限额领料制度,做好月末余料盘点。检查指导材料组的验收单、入库单、领料单台账,建立统计、消耗台账,做出盈亏分析。

⑤宣传物资管理与经济效益的关系,加强领用后的材料设备使用管理,经常到现场检查,发现有长料短用、大材小用,设备不按规定使用现象,立即禁止。

⑥搞好现场文明施工,做好防火、防盗工作,进场物资按平面图堆放、垫高、分规格、型号码放整齐,库内要有安全防火设施,及时清运现场废料和渣土。

⑦根据材料管理规定,对违章单位和个人以教育为主,处罚为辅,涉及盗窃问题交安全保卫组处理,情节严重者交司法机关处理。

7.维修组负责人

①在保证安全的前提下组织好各系统的检修。

②做好人员布置,调配,确保检修质量,确保在有限时间内完成全部检修内容。

③检修中出现的问题及时与检修小组联系制订解决办法,以免延误工期,调度负责时间的落实。

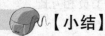

【小结】

通过本任务的学习,我们归纳总结了综合布线工程中在施工环节上的管理要点,以及如何成立一个高效、功能齐备的管理机构,进而知道在实际施工前,应该成立一个项目管理团队,明白该管理团队应该安置哪些人员胜任工作,为接下来的现场施工管理做好准备。

【习题】

(1)综合布线系统工程施工的基本要求。

(2)简要说明综合布线系统工程施工前的准备。

(3)综合布线工程施工组织机构中各部门的职责是什么?

(4)综合布线工程中,项目经理的主要职责是什么?

任务2 现场管理措施及施工要求

6.2.1 现场管理措施

综合布线工程中,施工管理必须做到以下两个要求:

①严格控制整个施工过程,确保每一道工序井井有条,工序之间协调配合。

②密切掌握每天的工程进展和工程质量,发现工程问题能及时纠正。

为达到以上两个要求,施工管理可以采取以下措施:

①项目主管必须对施工员及施工班组进行每一道工序的技术质量交底。

②施工员必须牢固掌握工程的工艺流程及施工技术质量要求。

③认真做好工程前期准备工作,编制切实可行的施工组织设计。针对不同工程特点,制订相应的施工方案,并组织进行技术革新,从而保证施工技术的可行性及先进性。

④施工技术的准备,在熟悉施工图纸的基础上,对图纸中的问题进行汇总,结合本公司的施工特点,提出具体的修正方案,报甲方及设计单位共同探讨,以达成一致,使得问题能够在进场施工前得到最大限度的解决。

⑤对原材料进行严格的验收,不合格的原材料坚决不用。

⑥保证技术工人的相对稳定。对技术特别过硬的技术工人实行奖励。同时淘汰技术不合格的工人。

⑦施工工艺是决定工程质量好坏的关键,有好的工艺,能使操作人员在施工过程达到事半功倍的效果。为了施工现场质量有哪些管理制度保证工艺的先进性及合理性,公司对于不太成熟的工艺安排专人进行试验,将成熟的工艺编制成作业指导书,并下发各施工员,施工员在现场指导生产时则依此为依据对工人进行书面交底,由班组长签字接收。工艺交底包括工具及材料准备、施工技术要点、质量要求及检查方法、常见问题及预防措施。在施工时先交底后施工,严格执行工艺要求。

⑧加强专项检查,及时解决问题。

⑨开展自检、互检活动,培养操作人员的质量意识。

⑩认真开展工序交接活动。

⑪专职检查,分清责任。

⑫定期抽查,总结提高。

 ## 6.2.2　现场施工要求

现场施工中,综合布线工程施工可分为预埋管路部分、敷设线缆部分、设备安装部分和调试初验部分。

1.预埋管路部分要求

①查阅施工现场的相关管网图,确认开槽埋管的正确位置。

②对小口径的PVC管弯管时应用弯管器,弯曲半径大于6倍管径。

③对墙面隐蔽预埋管路,应做到图纸所标位置,误差距离不得超过150 mm。

④墙面预埋管路应垂直于地面,不得斜拉管路。

⑤对弱电竖井部分,管子出口应排列整齐,所留长度相等。

⑥所有PVC管预埋,在管口处应用防水胶带包严,并做标记,利于找管。

⑦终端暗盒预埋时应做到与水电暗盒标高一致。

2.敷设线缆施工部分要求

①铁丝拉线时,用力要均匀,防止拉断线。

②整卷线在穿线前必须检查是否有短断线。

③终端盒接线宜留长度为200 mm。

④穿线后及时检查线路的通断情况。

⑤跨施工阶段的线路应做到每星期检查一次。

⑥应对每根线进行短路、开路测试。对多芯线的检测,应进行每根线间的交叉测量,确保线路畅通,无短路现象。确认无对地短路或线路破损现象。

⑦每根线要在两端注明线号、楼层号,并在图纸上注明。

⑧弱电竖井内的线应分线号,分线材类别缠绕整齐。

⑨采用接线端子时,接线应牢固,无松脱现象。

3. 设备安装部分要求

施工前应对所安装的设备外观、型号规格、数量、标志、标签、产品合格证、产地证明、说明书、技术文件资料进行检验,检验设备是否选用厂家原装产品,设备性能是否达到设计要求和国家标准的规定。其基本施工要求如下:

①认真阅读设备安装说明书,做到心中有数。

②由专业技术工程师对施工人员进行指导。

③设备通电运行前必须仔细检查线路情况,避免短路烧坏设备。

④设备安装端正,保持表面清洁。

⑤严格按照设备接线图进行接线。

⑥所有设备应设接地端子,并良好接地。

⑦设备通电由专业项目负责人把关,确保万无一失。

⑧设备安装位置应符合设计要求,便于安装和施工。

4. 调试初验部分要求

系统调试初验是按照国家、国际相关标准和规范,对各子系统实施质量的检验测试,防止由于偶然性和异常性原因产生质量问题的积累和延续。借助初验资料分析,及时发现操作者、施工机具、设备材料、施工方法、操作环境及管理上的问题,了解系统整体运行及与其他系统的配合状况,及时采取措施纠正或改进,保证项目质量符合要求。

6.2.3 施工配合

工程施工是否能够实现合同的质量、工期目标,满足建设单位预期的使用要求,除了参建施工单位各专业工种要具备较高的施工技术、施工管理水平,各项施工活动严格按统一规定和行业规则要求付诸实施外,最重要的是施工中各专业作为子系统需树立全局观点和系统思想,施工中的上道工序是为下道工序服务的观念,相互配合支持,紧密协作,按不同阶段的施工特点,制订一套完整的有针对性的施工配合措施,最终实现效率、信誉、效益的综合目标。

1. 与建设单位间的配合

由施工单提前编制进场计划,明确到货时间、材料或设备的规格和型号、数量等。

甲方在施工过程中以质量进行监督,设备开箱检查、各类隐蔽工程验收、管道试压、系统试车等工作应请甲方代表、监理工程师代表参加及验收。

服从甲方现场工程师对安装工程施工进度的安排,并按甲方要求按期完成。对甲方工程师在现场巡检过程中发现的问题,及时进行整改,以保证工程施工质量达到业主的要求。

2. 与工程监理单位间的配合

施工全过程中,严格按照建设单位、监理工程师批准的施工组织设计进行施工及质量管理。在施工单位自检、专检的基础上,提交工程报验单接受监理工程师的验收和检查,合格后凭监理工程师批复的工程报验单进行下一道工序。贯彻已建立的质量控制、检查、管理制度,杜绝现场施工人员不服从监理工程师指挥的现象发生,使监理工程师的一切指令得到全面执行。

建立并贯彻材料报验制度。所有进入施工现场的成品、半成品、设备、材料、器具,均主动向监理工程师提交产品合格证、质保书和检测结果报告,使所使用的材料、设备符合施工规范及设计的要求。

按部位或分项检验施工工序的质量,严格执行"上道工序不合格,下道工序不施工"的准则,使监理工程师能顺利开展工作。对可能出现的工作意见不一的情况,遵循"先执行监理的指导后予以磋商统一"的原则,在现场质量管理工作中,维护好监理工程师的权威。细心听取监理工程师提出的合理化建议,并在施工过程中合理应用,以提高工程施工质量。对监理工程提出的质量整改意见,按时完成。

积极参加监理公司组织召开的现场生产会议,对监理工程师在会上提出的合理化要求,按监理工程师的建议改正,施工单位如有工程上的问题需协调解决的,可以通过监理召开的会议,得到妥善解决。

3. 与土建单位的配合

①进入施工现场后,与土建工程项目主要负责人进行沟通,落实施工临时用水、用电及临时施工场地,施工单位人员应按总包指定的用水、用电接点及临时用地位置,合理使用,以保证施工生产的正常进行。

②在施工过程中,施工人员不得随意损坏土建结构,确需割断结构钢筋时,由单位技术负责人、监理现场代表、建设单位代表等共同解决,保证结构工程的施工质量不受破坏。

③各平面层施工配合:各平面布置有安装物体的部位,土建作业完工后进行安装作业。因安装作业时间较短,且在楼层上架空作业,故需要的工作面较大,由土建统一安排。有大型安装设备的楼层,待设备施工后,再交土建进行隔墙等作业。

④场地使用配合:因施工单位多,穿插作业多,对现场交通及场地使用应由土建总包负责统一安排,各施工单位之间相互协调处理。

⑤成品、半成品的保护配合:安装施工人员不得随意在土建结构墙体上打洞,并注意对建筑物的保护,避免污染。土建施工不得损坏安装成品,不得随意搬动已安装好的管道、线路、风管等成品,不得以安装成品作为施工支撑点。

⑥施工质量配合:安装工程在施工过程中,应配合土建,尽量减少相互间成品污染,以保证安装工程观感质量不受影响。

4. 与装饰单位的配合

①在吊顶内的风管、管道及空调设备等安装完毕后,经试验和检验合格,交装饰单位

施工。

②布置在吊顶面上的进出灯具等，应在装饰吊顶时，由装修单位配合开孔，封面完工后再安装。

③检修孔配合：凡吊顶内设有管道阀门、风阀的地方，应设置检修孔，位置由双方在现场确定。

④成品保护配合：各施工单位在施工中不得损坏对方的成品，互相保护成品，才能有效保证各方的工程进度。

5. 安装施工中各工种之间的配合

由项目部每月（周）编制施工进度计划横道图，统一确定各工种施工内容并上报监理公司审核。并制订月（周）计划，合理安排，在项目部下达的完工时间内完工。

项目部负责人可根据各专业施工内容的多少，合理分配相关专业人员，各工种班组长应服从项目部安排，工种间应做好配合工作。

安装各工种必须遵循施工原则：先准备、后安装；先室内、后室外；先无压管、后有压管安装；先大管、后小管安装的原则。

6.2.4 质量保证措施

1. 质量管理环节

①施工图的规范化和制图的质量标准；

②管线施工的质量检查和监督；

③配线规格的审查和质量要求；

④配线施工的质量检查和监督；

⑤现场设备或前端设备的质量检查和监督；

⑥主控设备的质量检查和监督；

⑦调试大纲的审核和实施及质量监督；

⑧系统运行时的参数统计和质量分析；

⑨系统验收的步骤和方法；

⑩系统验收的质量标准；

⑪系统操作与运行管理的规范要求；

⑫系统的保养和维修的规范与要求；

⑬年检的记录和系统运行总结等。

2. 质量控制方法

①设备、材料进场时，应由各方管理人员对照合同对现场设备的型号、质量、数量进行审定并做出书面签字，不符合合同要求的产品绝不能进场。确保将书面材料递交建设方，建设方有权批准或不批准，应在合同规定时间内给予书面答复。

②隐蔽工程覆盖前,应提前48小时通知建设方、监理单位等进行中间验收,以确保隐蔽工程的质量。对验收记录进行存档,竣工时移交给建设方。

③完善项目管理制度,明确责任划分。严格按图纸施工,在保证系统功能质量的前提下,提高工艺标准要求,确保施工质量。

④建立质量检查制度,现场管理人员将定期进行质量检查,并贯穿到整个施工过程中。

⑤各项工程应严格遵守操作规程,各分组对自己所承担的工程负全面责任。

⑥在施工过程中,由项目经理及各分组负责人每天不定期检查,发现质量问题后,应当场口头传达解决。次日如再发现同样的问题并未解决,则再次口头传达限期解决;若还不能解决,则给予书面通知并进行奖金扣罚,扣罚金额由项目经理酌情而定。

⑦对建设方、监理公司等提出工程问题的书面文件,应核实整改并立即反馈。

⑧妥善保存测试时的资料,在竣工时提供给建设方,以使工程交付后,建设方能尽快熟悉系统并进行维护。

⑨工程竣工后,必须进行最终检验。按编制竣工资料的要求收集、整理质量记录;对查出的施工质量缺陷,按不合格控制程序进行处理;在最终检验合格和试验合格后,对工程成品采取防护措施。

 6.2.5 安全保障措施

综合布线工程施工中应采取必要措施加强对施工队伍的人身安全、设备安全教育,对每一道安装工序要设专人负责,严把各种材料进场质量关、设备验收关、安装质量关。采取动态管理与静态管理相结合的方法,实时控制各道工序,使施工安全有保障。

①加强安全生产和消防工作。所有现场施工工人均需接受安全生产和消防保卫的教育,以提高安全生产、消防保卫和自我保护意识。

②必须严格执行公司有关安全规程、条例,严格遵守现场总承包单位的有关安全生产的规章制度,服从现场安全人员的检查。执行开工前安全会的安全交底制度,对安全注意事项要反复给予说明。

③设备、材料应按工程进度计划进入现场,并按规定地点整齐堆放,坚持谁施工谁清理的原则,使整个工作区达到文明施工。

④对于出现的安全事故或未遂事故,要认真处理,使责任者或当事人受到教育,并做好防范工作。

⑤进入施工现场必须戴安全帽、佩戴胸针、穿劳保鞋。

⑥使用高凳时,应保证安全、稳固,并采取安全保护措施。

⑦高空作业要搭脚手架、挂安全网、系安全带。

⑧使用手持电动工具,在线路首端必须接漏电保护器。

⑨现场用电设备要接在漏电空气开关上。

⑩现场施工配线、临时用线严禁架设在脚手架上、树枝上。

⑪施工现场闸箱要零、地线分开,采用三相五线制配线,非电工人员不得擅自接线。

⑫在潮湿场地,必须使用36 V以下安全电压照明。

⑬严禁盗窃建设方或其他单位的物品、工具和材料,经发现,视情节轻重给予经济处罚和纪律处分,情节严重者送保卫部门或公安机关处理。

⑭加强施工现场的产品和半成品保护,如有损坏,照价赔偿。

⑮施工中间严禁饮酒,防止酒后滋事及意外事故的发生。

⑯工作现场严禁吸烟,防止火灾发生。

⑰建立施工人员出入证制度,凭证出入工作区域。

⑱机房及贵重设备安装应事先通知相关单位,加强成品保护。

 ## 6.2.6 成本控制措施

综合布线工程施工中降低工程成本的关键在于搞好施工前计划、施工过程中的控制及工程实施完成的分析。可以参考以下几条基本原则进行成本控制:

①加强现场管理,合理安排材料进场堆放,减少二次搬运和损耗。

②加强材料的管理工作,做到不错发、错领材料,不丢窃、遗失材料,施工班组要合理使用材料,做到材料精用。

③材料管理人员要及时组织材料的发放以及施工现场材料的收集工作。

④加强技术交流,推广先进的施工方法,积极采用先进、科学的施工方案,提高施工技术。

⑤积极提高施工人员的技术素质,尽可能地节约材料和人工,降低工程成本。

⑥加强质量控制,加强技术指导和管理,做好现场施工工艺的衔接,杜绝返工,做到一次施工、一次验收合格。

⑦合理组织工序插穿,缩短工期,减少人工、机械及有关费用的支出。

⑧科学、合理地安排施工程序,实现劳动力、机具、材料的综合平衡,向管理要效益。

 ## 6.2.7 施工进度管理

综合布线工程项目进度控制的目的是将有限的投资合理使用,在保证工程质量的前提下按时完成工程义务,以质量、效益为中心做好工期控制。

1.施工进度前期控制

施工进度的前期控制主要是根据合同对工期的要求设计、计算出的工程量,根据施工现场的实际情况、总体工程的要求、施工工程的顺序和特点制订出工程总进度计划。根据工程施工的总进度计划和施工现场的特殊情况制订月进度计划,制订设备的采供计划。

 150

2.施工进度中期控制

施工进度的中期控制是在施工过程中进行检查、动态控制和调整,掌握进度情况,对可能影响进度的因素及时发现和处理。应定期检查实际进度与计划的差异,提交工程进度报告,分析问题,提出调整方案和措施,所有文件都要编目建档。由于综合布线工程与其他工程同时施工,相互影响的因素较多,如果现场作业条件发生改变,应对施工进度及时调整。同时,应建立进度控制协调制度,落实施工工程中的一切技术支持,缩短工艺间和工序间的间歇时间。

3.施工进度后期控制

施工进度的后期是控制进度的关键时期,当进度不能按计划完成时,应分析原因并及时采取措施,如改进工艺、实行流水立体交叉作业、增加人员、增加工作面、加强调度等。工期要突破时,要制订工期突破后的补救措施,调整施工计划、资金供应计划、设备材料等,进行新的协调、组织。

4.多方沟通和紧密配合

多方配合是指材料、设备、供应、人员、机具的科学调配,综合布线施工方与土建、装修、建设方和监理的配合。有关各方应及时沟通,准时参加工程例会,做到及早发现问题,及时解决问题。

5.不可预测情况的紧急应对

当出现特殊情况时,应有有效的应急处理对策。如遇到非本单位所能控制的局面,可申报停工延期及退场,以节约工时;如遇到施工条件变化,如地震、恶劣天气环境、高温、洪水、下沉等不可抗力,应根据具体情况及早抢救成品、转移物资,尽量减少损失,尽早复工;若遇到技术失误,不能保证质量,并影响施工进度,应成立攻关小组加大投入,或采取其他对策和措施。

6.2.8 施工机具管理

综合布线工程施工时需用到不同的施工机具、测试仪器等设备,对这些机具或设备进行合理有效的管理,能提高工程效率、降低成本。最常用的施工机具管理办法是:
①建立施工机具使用及维护制度;
②实行机具使用借用制度。

6.2.9 技术支持及服务

坚持为客户服务的宗旨,对布线工程的运行、使用、维护以及有关部门人员的培训,提供全面的技术支持和服务。

1.文档提交

向用户提供布线系统的设计资料,包括设计文档、图纸、产品证明材料,并且向用户提供布线路由图、跳接线图,所有的连接件上贴上标签,帮助用户建立布线档案。

2. 用户人员培训

为了保证系统的正常运行,对有关人员进行培训。在安装过程中应现场为用户免费培训工程师,使他们熟悉布线系统工程的情况,了解布线系统的设计。

掌握基本的布线安装技能,今后能够独立管理布线系统,并且能够解决一些简单的问题。

3. 竣工后技术维护

由施工单位负责施工安装的工程,保修期为一年,由竣工验收之日计起,签发"综合布线系统工程保修书"和"安装工程质量维修通知书"。

质保期满后,施工单位提交一式三份年鉴报告,建设单位签字后,证明质保期满。

设备发生故障或需更换时,施工单位应在建设单位认可的合理时间内尽快提供维修服务,建设单位需提供材料及零部件清单,费用由建设单位承担。

对保修期已过的工程保养、维修,施工单位将根据合同及时提供各系统的备件、备品。

施工单位在系统安装过程中和安装完毕后,及时向建设方交接人员详细介绍系统的结构,示范系统的使用和讲解系统的使用注意事项。

施工方应根据工程合同承诺为建设单位提供维修、维护服务。

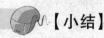

【小结】

通过本任务的学习,我们应非常熟悉综合布线现场施工的管理措施,现场施工要求,以及施工中各单位如何配合,并且在严密控制施工进度的前提下,工程质量、工程安全、工程成本如何保证。这些都应形成一个完备的文档资料,便于为日后的工程提供技术支持和服务。

【习题】

(1)综合布线系统工程中,现场施工的基本要求有哪些?

(2)归纳总结综合布线系统工程中施工配合应从哪些方面入手?

(3)综合布线工程施工中如何保证施工质量?

(4)详细说明综合布线工程中的施工进度管理方案。

任务3 布线系统工程监理

6.3.1 工程监理的意义和责任

综合布线工程监理,是指在综合布线建设过程中,由建设方委托,为建设方提供工程前期咨询、方案论证、工程施工,对工程质量控制开展的一系列的监理服务工作。

1.布线系统工程监理意义

工程监理帮助建设方完成工程项目建设目标,实现优质工程的监督保障。当前对于大型综合布线工程项目,通常都需要实施监理过程。目前,一项工程建设的全过程涉及建设方、施工方和施工监理三方,各自行使相应的职责和义务,共同协同完成建设任务。

2.布线系统工程监理责任

①帮助建设方做好需求分析。深入了解工程承包企业的各方面的情况,与建设方、工程承包商共同协商,提出可行的监理方案。

②帮助建设方选择施工单位。优秀的综合布线施工企业应该是:
- 有较强的经济和技术实力,好的工程设计与施工队伍;
- 有丰富的综合布线工程经验及较多典型成功案例;
- 有完备的工程质量服务体系;
- 有良好的信誉。

③帮助工程建设方控制工程进度。工程监理人员应严格遵循相关标准,实施对工程过程和质量的监理。

④工程监理对工程质量负有法律规定的责任。根据我国有关法律规定,工程监理对工程的质量负有相应的责任。工程监理人员必须根据有关国家规定,具有相应的监理职业资格证,监理公司(部门)具有监理资质,才能承接工程监理项目。

6.3.2 工程监理的内容

工程监理最主要的职责就是按照相关法规、技术标准严把工程质量关。

①评审综合布线系统方案是否合理,所选工程器材、材料及设备质量是否合格,能否达到建设方的要求。

②建设过程是否按照批准的设计方案进行。

③工程施工过程是否按照有关国家或国际技术标准进行。

④工程质量按期阶段性的监测和验收。

153

6.3.3 工程监理实施步骤

工程监理的一般实施步骤划分为网络综合布线系统需求分析阶段、综合布线工程招投标阶段、综合布线工程实施阶段、保修阶段共有 4 个阶段。

1. 综合布线系统需求分析阶段

本阶段主要完成用户网络系统分析,包括综合布线系统、网络应用的需求分析,为用户提交供监理方的工程建设方案。

● 综合布线需求分析　对用户实施综合布线的相关建筑物进行实地考察,由建设方提供建筑工程图,了解相关建筑物的建筑结构,分析施工难易程度。需了解的其他数据包括:中心机房的位置、信息点数、信息点与中心机房的最远距离、电力系统供应状况、建筑接地等情况。

● 提供监理方案　根据在综合布线需求分析中了解的数据,给用户提交一份工程监理方案。

2. 网络综合布线工程招标投标阶段

这个阶段主要协助建设方完成招、投标工作,确定工程施工单位。

①根据在项目建设方需求阶段提交的监理方案,协助用户进行招标工作前期准备工作,与建设方共同组织编制工程招标文件。

②发布招标通告或邀请函,负责工程有关问题的咨询。

③接受投标单位递送的投标书。对投标单位资格、行业资质等进行审查。审查内容包括:企业注册资金、网络集成工程、技术人员实力、各种网络代理资格属实情况、各种网络资质证书的属实情况等。

④协助建设方邀请专家组成评标委员会,进行开标、评标、决标、受标、签署合同工作。

3. 网络综合布线工程实施阶段

这个阶段将进入网络建设实质阶段,关系着网络工程能否保质保量按期完成。由总监理工程师编制监理规则等工作。

①对工程材料进行检验,检查工程合同执行情况,进度审核。

②进行工程测试,根据测试结果判定施工质量是否合格,合格则继续履行合同,若某些项目不合格,则敦促施工单位根据测试情况进行整改,直至测试达到既定工程标准。

③提供翔实的工程测试报告。

④根据工程合同开展工程验收,整理验收结果文档。

⑤审核施工进度,根据实际施工情况,协助施工单位解决可能出现的问题,确保工程如期进行。

⑥协助工程建设方组织验收工作,包括验收委员会的组建,工程验收的技术指标参数的

确定等;验收主要包括合同履行情况、工程是否达到预期效果、各种技术文档是否齐全、规范等。

⑦项目验收后,敦促建设方按照合同付款给工程施工方。

4. 网络综合布线系统保修阶段

本阶段完成可能出现的质量问题的协调工作。

①定期走访用户,检查系统运行状况。

②出现质量问题,确定责任方,敦促解决。

③保修期结束,与布线工程项目建设方商谈监理结束事宜。

④提交监理业务记录手册。

⑤签署监理终止合同。

6.3.4 工程监理组织结构

工程监理方应任命总监理工程师、监理工程师、监理人员,并且向业主方通报,明确各工作人员职责,分工合理,组织运转科学有效。

- 总监理工程师 总监理工程师负责协调各方关系,组织监理工作,任命委派监理工程师,并定期检查监理工作的进展情况,并且针对监理过程中的工作问题提出指导性意见。审查施工方提供的需求分析、系统分析、网络设计等重要文档,并提出改进意见。主持双方重大争议纠纷,协调双方关系,针对施工中的重大失误签署返工令。

- 监理工程师 监理工程师接受总监理工程师的领导,负责协调各方面的日常事务,具体负责监理工作,审核施工方需要按照合同提交的网络工程、软件文档。检查施工方工程进度与计划是否吻合,主持双方的争议解决,针对施工中的问题进行检查和督导,起到解决问题、正常工作的目的。

- 监理人员 监理人员负责具体的监理工作,接受监理工程师的领导,负责具体硬件设备验收、具体布线、网络施工督导,编写监理日志,向监理工程师汇报。

6.3.5 工程验收及优化

工程验收的主要任务是,根据网络综合布线工程的技术指标规范和验收依据,对竣工工程是否达到设计功能目标(指标)进行评判。

1. 竣工验收的依据和原则

目前国内综合布线工程的验收主要是参照国家标准《综合布线系统工程验收规范》(GB 50312—2007)中描述的项目和测试过程进行。此外,综合布线系统工程验收还涉及其他标准规范,如《智能建筑工程质量验收规范》(GB 50339—2003)、《建筑电气工程施工质量验收规范》(GB 50303—2002)、《通信管道工程施工及验收技术规范》(GB 50374—006)等。

在综合布线系统的施工和验收中,如遇到上述各种规范未包括的技术标准和技术要求,为了保证验收,可按有关设计规范和设计文件的要求办理。由于综合布线系统工程中尚有不少技术问题需要进一步研究。因此,在工程验收时,应当密切注意当时有关部门有无发布新的标准或补充规定,以便结合工程的实际情况进行验收。

2. 综合布线工程竣工验收的前提条件

通常,工程竣工验收应具备以下前提条件:
①隐蔽工程和非隐蔽工程在各个阶段的随工验收已经完成,且验收文件齐全。
②综合布线系统中的各种设备都已自检测试,测试记录齐备。
③综合布线系统和各个子系统已经试运行,且有试运行的结果。
④工程设计文件、竣工资料及竣工图纸完整、齐全。此外,设计变更文件和工程施工监理代表签证等重要文字依据均已收集汇总,装订成册。

3. 综合布线工程验收的组织

工程竣工后,施工方应在工程验收 10 日前,通知验收机构,同时送达一套完整的竣工报告,并将竣工技术资料一式三份交给建设方。竣工资料包括工程说明、安装工程量、设备器材明细表、随工测试记录、竣工图纸、隐蔽工程记录等。

联合验收之前成立综合布线工程验收的组织机构,建设方可以聘请相关行业专家,对于防雷及地线工程等关系到计算机网络系统安全的工程部分,还应申请有关主管部门协助验收(比如气象局、公安局等)。通常的综合布线工程验收领导小组可以考虑聘请以下人员参与工程的验收:

- 工程双方单位的行政负责人
- 工程项目负责人及直接管理人员
- 主要工程项目监理人员
- 建筑设计施工单位的相关技术人员
- 第三方验收机构或相关技术人员组成的专家组

在验收中,有些工程项目是由工程双方认可,但有一些内容并非双方签字盖章就可以通过,如涉及消防、地线工程等项目的验收,通常要由相关主管部门来进行。

验收的一般程序通常是由双方的单位领导阐明工程项目建设的重要意义和作用;然后听取双方项目主管和有关技术人员着重就项目设计规划和实施工程中采用的各种方案进行介绍,并就实施过程中遇到的问题、相应的解决措施及可能的利弊等进行说明,其中应当出示由第三方专家签认的关于综合布线工程的各种测试数据、图表等文档;接着,听取验收现场各位专家的意见,在形成一致意见的基础上拟定验收报告,并由有关验收组的人员签字盖章后生效。对于公安、消防等主管部门的意见,往往具有强制性,因而在形成报告后通常还应当附带所有的相关文件、标准及数据说明存档。

【小结】

通过本任务的学习,我们对综合布线工程监理组织结构应了然于心。工程监理的意义和责任何在,在监理过程中,我们应该如何实施步骤,监理的方方面面如何规划,为最后的工程验收及优化提供完备的文档资料和参考数据。

【习题】

(1)综合布线系统工程中工程监理的意义和责任。
(2)归纳总结综合布线系统工程中工程监理组织结构。
(3)综合布线工程施工中工程监理应该从哪些方面实施?
(4)综合布线工程竣工验收的前提条件有哪些?

模块6 学习自评表
知识目标评价表

任 务	知识目标	了 解	理 解	掌 握
任务1	综合布线工程施工管理机构			
	综合布线工程施工项目管理人员			
任务2	施工现场管理总体措施			
	施工质量保证措施			
	施工安全保障措施			
	施工成本控制措施			
	施工现场要求			
	施工配合			
	施工进度管理			
	施工机具管理			
任务3	工程监理的内容			
	工程监理实施步骤			
	工程监理组织结构			

能力目标评价表

能　力	未掌握	基本掌握	能应用	能熟练应用
制订施工现场管理总规程				
制订施工质量保证规程				
制订施工安全保障规程				
制订施工成本控制规程				
制订施工现场要求规程				
制订施工配合表				
制订施工进度管理表				
制订施工机具管理表				
规划工程监理内容及实施步骤				

综合布线工程测试与验收

【模块目标】

◆ 熟悉综合布线测试的基本概念和国家标准

◆ 掌握非屏蔽双绞线、光缆布线的测试方法

◆ 熟悉测试报告的编写，了解布线工程验收的基本内容和步骤

任务1　综合布线工程测试基本概念

7.1.1　测试种类

综合布线工程中的测试分为两类:验证测试和认证测试。

1. 验证测试

验证测试在施工中进行,检验每条线路的连接是否正确、物理上是否通畅,及时发现和纠正每一步布线操作中的问题。

2. 认证测试

认证测试在工程验收时进行,它的先决条件就是布线系统首先通过验证测试。认证测试对布线系统严格依照国际国内的行业标准逐项进行检测,包括布线系统的安装、电气特性、传输性能、设计、选材以及施工质量的全面检验,确定布线是否符合标准、达到工程设计要求。

7.1.2　测试对象

1. 信息点与集合点

- 信息点(Telecommunications Outlet,TO):是指各类电缆或光缆终接的信息插座模块。
- 集合点(Consolidation Point,CP):是指楼层配线设备与工作区信息点之间水平缆线路由中的连接点。
- 终端(Terminal Equipment,TE):是指各种连入网络的用户设备,如电脑、电话等。

2. 基本链路

基本连接链路(Basic Link)是指由最长90 m的端间固定连接水平缆线和在两端的接插件(一端为工作区信息插座,另一端为楼层配线架、跳线板插座)及连接两端接插件的两条2 m长的测试电缆构成的链路。

3. 永久链路

永久链路(Permanent Link)是指信息点与楼层配线设备之间的传输线路。它不包括工作区缆线和连接楼层配线设备的设备缆线、跳线,但可以包括一个CP链路。

4.信道

信道(Channel)是指连接两个应用设备的端到端的传输通道。

5.分级

铜缆布线系统分为 A、B、C、D、E、F 6 级,如表 7.1 所示。不同级别的系统支持的信号带宽与电缆类别有较大的差别。

表 7.1　系统分级

系统分级	支持带宽	支持应用器件	
		电缆	连接硬件
A	100 K		
B	1 M		
C	16 M	3 类	3 类
D	100 M	5 类、5e 类	5 类、5e 类
E	250 M	6 类	6 类
F	600 M	7 类	7 类

6.光缆链路

光缆链路包括设备光缆和工作区光缆,光缆测试主要是对磨接后的光纤进行特性测试,检测是否符合光纤传输信道标准。

光纤信道分为 OF-300、OF-500 和 OF-2000 三个等级,各等级光纤信道支持的应用长度不小于 300 m、500 m 及 2 000 m。

①经光纤跳线连接的光信道。水平光缆和主干光缆至楼层电信间的光纤配线设备经光纤跳线连接构成。

②经端接连接的光信道。水平光缆和主干光缆在楼层电信间应经端接(熔接或机械连接)构成。

③直接连接的光信道。水平光缆经过电信间直接连至大楼设备间光配线设备构成。

7.1.3　测试内容

对电缆布线链路的测试共有 12 项指标,它们分别是:接线图、长度、传输时延、时延差、回波损耗、衰减、线对间近端串扰、线对间等效远端串扰、综合等效远端串扰、衰减串扰比以及综合衰减串扰比、特性阻抗。

161

1.衰减

衰减(Attenuation)定义为初始传送端与接收端信号强度的比值,大小以分贝(dB)表示。

链路的衰减与电缆的结构、长度及传输信号的频率关系十分密切,在 1～100 MHz 频率,衰减主要是由交变电磁场的趋肤效应所决定的,它与信号频率的平方根成正比。

2. 近端串扰

近端串扰是指在与发送端处于同一边的接收端处所感应到的从发送线对感应过来的串扰信号。

近端串扰衰减(Near End Crosstalk attenuation,NEXT),简称近端串扰,定义为传输信号与串扰信号的比值,大小也以分贝(dB)表示。

3. 衰减串扰比

衰减串扰比(Attenuation-to-Crosstalk Ratio,ACR)和综合衰减串扰比(Power Sum Attenuation-to-Crosstalk Ration,PS ACR)都是用于比较相对于任何线对因近端串扰和综合近端串扰引起的噪声的信号强度。ACR 和 PS ACR 均不是另外的测量值,而是衰减和串扰的计算结果:

ACR = NEXT − attenuation(dB)

PSACR = PSNEXT − attenuation(dB)

衰减串扰比类似于信噪比,都是值越大越好。ACR 的含义是:在传输线对上发送信号时,接收端收到的已衰减过的信号中有多少来自于串扰的噪声影响。

4. 回波损耗

回波损耗(Return Loss,RL)是电缆链路由于阻抗不匹配所产生的反射,是一对线自身的反射。回损用输入的测试信号水平与同一电缆端同一线对上反射的噪声信号水平间的比率来表示,大小用 dB 来测量。

5. 等效远端串扰

远端串扰(Far End Crosstalk,FEXT)和近端串扰产生方向相反,是指在远离发送端的接收端处所感应到的从发送线对感应过来的串扰信号。

等效远端串扰(Equal Level FEXT,ELFEXT)是远端串扰和衰减信号的差,用公式表示为:ELFEXT = FEXT − attenuation(dB)。

6. 传输时延和时延差

传输时延(Propagation Delay)是电信号从电缆一端传播到另一端所必需的时间,数值上等于导线的长度 L 除以电信号的传播速度 v,即 $\tau = L/v$。测试中要求这个传输延迟不大于 555 ns。

时延差(Delay skew)是指不同线对的传输时延差值。信号从链路的一端传输到另一端,每一对线的传输时间之间都维持着一定的联系,传输最快的线对的传输时间和其他 3 对的传输时间之间的差不能太大。测试中要求这个差不大于 50 ns。

7. 接线图

接线图(Wire map)指的是布线连接线序。

通常在检测中遇到的故障为：

- 短路（Short）
- 断路（Open）
- 反向线对（Reverse）
- 交叉线对（Cross Pair）
- 分岔线对（Split Pair）

8. 长度

电缆的长度（Length）分为物理长度与电气长度两种。用长度测量工具可直接测量电缆的物理长度，电缆内每一根导线的物理长度将大于电缆的物理长度，这是由于线对相互扭绞造成的。电缆的电气长度由信号传输延迟导出，并依线对绞合的螺旋线结构和介质材料而定。

TDR（时间域反射测量）测试仪从铜缆一端发出一个脉冲波，脉冲波行进时如果碰到阻抗的变化，就会将部分或全部的脉冲波能量反射回测试仪。依据来回脉冲波的延迟时间及已知的信号在铜缆传播的 NVP（额定传播速率）速率，测试仪就可以计算出脉冲波接收端到该脉冲波返回点的长度。

NVP（Nominal Velocity of Propagation）定义为信号在电缆中传输的速度与光在真空中的速度的比值（以百分比表示），通常 NVP 的取值在 69% 左右。

测试仪在测量长度时的"盲区"是 6 m。

9. 特性阻抗

特性阻抗（Characteristic Impedance）包括电阻及频率段范围内（如 1～200 MHz）的电感抗及电容抗，它与一对电线之间的距离及绝缘体的电气特性有关。

10. 结构化回损

结构化回损（Structural Return Loss，SRL）所测量的是电缆阻抗的一致性。由于电缆的结构无法完全一致，因此会引起阻抗发生少量变化。阻抗的变化会使信号产生损耗。结构化回损与电缆的设计及制造有关。

【小结】

通过本任务学习，我们应具备在综合布线实际工程测试中选用合适测试方法的能力，如何确定测试种类，在该工程中如何统筹测试对象，以及如何根据国家标准和国际标准规划测试内容，甚至能依据工程实际情况定制测试具体方向和项目。

【习题】

（1）详细说明综合布线工程的测试类型。

（2）综合布线工程的具体测试内容有哪些？

(3)详细说明综合布线工程的具体测试对象。

任务 2　综合布线工程测试标准

介绍 GB 50312—2007《综合布线工程验收规范》中的一些主要指标测试标准。

 7.2.1　三类和五类水平链路及信道性能指标

三类和五类水平布线系统是最基本的布线系统,它按照链路模型和信道模型进行测试,其性能指标是其他各类布线系统的基本参考标准。

1.接线图标准

接线图主要测试水平电缆端接线序的正确与否。正确的线对组合为:1/2、3/6、4/5、7/8。终接时,每对对绞线应保持扭绞状态,扭绞松开长度对于 3 类电缆不应大于 75 mm;对于 5 类电缆不应大于 13 mm;对于 6 类电缆应尽量保持扭绞状态,减小扭绞松开长度。

2.长度标准

布线链路及信道缆线长度应在测试连接图所要求的极限长度范围之内。测量长度的误差极限如下:

信道:100 m + 100 m × 15% = 115 m

基本链路:94 m + 94 m × 15% = 108.1 m

3.三类水平链路及信道性能指标

三类水平链路及信道测试性能指标应符合表 7.2 的要求,测试条件为环境温度 20 ℃。

表 7.2　三类水平链路及信道性能指标

频率/MHz	基本链路性能指标		信道性能指标	
	近端串扰/dB	衰减/dB	近端串扰/dB	衰减/dB
1.00	40.1	3.2	39.1	4.2
4.00	30.7	6.1	29.3	7.3
8.00	25.9	8.8	24.3	10.2
10.00	24.3	10.0	22.7	11.5
16.00	21.0	13.2	19.3	14.9
长度/m	94		100	

4. 五类水平链路及信道性能指标

五类水平链路及信道测试性能指标应符合表 7.3 要求,测试条件为环境温度 20 ℃。

表 7.3　五类水平链路及信道性能指标

频率/MHz	基本链路性能指标		信道性能指标	
	近端串扰/dB	衰减/dB	近端串扰/dB	衰减/dB
1.00	60.0	2.1	60.0	2.5
4.00	51.8	4.0	50.6	4.5
8.00	47.1	5.7	45.6	6.3
10.00	45.5	6.3	44.0	7.0
16.00	42.3	8.2	40.6	9.2
20.00	40.7	9.2	39.0	10.3
25.00	39.1	10.3	37.4	11.4
31.25	37.6	11.5	35.7	12.8
62.50	32.7	16.7	30.6	18.5
100.00	29.3	21.6	27.1	24.0
长度/m	94		100	

7.2.2　超五类以上信道性能指标

超五类(5e)、六类和七类布线系统按照永久链道和信道模型进行测试。信道的接线图标准和长度标准与其他类相同,测试性能指标应符合以下要求。

•综合衰减串扰比(PSACR)　布线系统永久链路或 CP 链路的每一线对和布线两端的 PSACR 值可参考表 7.4 所列的关键频率 PSACR 参考值。

表 7.4　PSACR 参考值

频率/MHz	最小 PSACR/dB		
	D 级	E 级	F 级
1	53.0	58.0	58.0
16	34.5	45.1	55.1
100	8.9	20.8	44.3
250		2.0	28.6
600			5.1

165

•近端串扰:布线系统永久链路或 CP 链路的每一线对和布线两端的近端串扰值可参考

表7.5 所列的关键频率建议值。

表7.5 近端串扰参考值

频率/MHz	最小近端串扰参考值/dB					
	A 级	B 级	C 级	D 级	E 级	F 级
0.1	27.0	40.0				
1		25.0	40.1	60.0	65.0	65.0
16			21.1	45.2	54.6	65.0
100				32.3	41.8	65.0
250					35.3	60.4
600						54.7

• 线对与线对之间的衰减串扰比(ACR):只应用于布线系统的 D、E、F 级。布线系统永久链路或 CP 链路的每一线对和布线两端的 ACR 值可参考表7.6 所列的关键 ACR 参考值。

表7.6 ACR 参考值

频率/MHz	最小值 ACR/dB		
	D 级	E 级	F 级
1	56.0	61.0	61.0
16	37.5	47.5	58.1
100	11.9	23.3	47.3
250		4.7	31.6
600			8.1

• 相邻线综合近端串扰(PSNEXT):只应用于布线系统的 D、E、F 级。布线系统永久链路或 CP 链路的每一线对和布线两端的近串扰功率和值可参考表7.7 所列的关键频率参考值。

表7.7 相邻线对综合近端串扰参考值

频率/ MHz	相邻线对综合近端串扰/dB		
	D 级	F 级	E 级
1	57.0	62.0	62.0
16	42.2	52.2	62.0
100	2 913	39.3	62.0
250		32.7	57.4
600			51.7

●回波损耗:只在布线系统中的 C、D、E、F 级采用。信道的每一线对和布线的两端均应符合回波耗损值的要求,布线系统信道的最小回波损耗值可参考表 7.8 所列出的关键频率的回波损耗建议值。

表 7.8　回波损耗参考值

频率/MHz	最小回波损耗/dB			
	C 级	D 级	E 级	F 级
1	15.0	19.0	21.0	21.0
16	15.0	19.0	20.0	20.0
100		12.0	14.0	14.0
250			10.0	10.0
600				

●等效远端串扰(ELFEXT):只应用于布线系统的 D、E、F 级。布线系统永久链路或 CP 链路的每一线对的等效远端串扰值可参考表 7.9 所列的关键频率参考值。

表 7.9　ELFEXT 参考值

频率/MHz	最小等效远端串扰/dB		
	D 级	E 级	F 级
1	58.6	64.2	65.0
16	34.5	40.1	59.3
100	18.6	24.2	46.0
250		16.2	39.2
600			32.6

●综合等效远端串扰(PSELFEXT):布线系统永久链路或 CP 链路的每一线对的 PSELFEXT 值可参考表 7.10 所列的关键频率参考值。

表 7.10　PSELFEXT 参考值

频率/MHz	最小 PSELFEXT/dB		
	D 级	E 级	F 级
1	55.6	61.2	62.0
16	31.5	37.1	56.3
100	15.6	21.2	43.0
250		13.2	36.2
600			29.6

167

●延迟偏差:布线系统永久链路或 CP 链路所有线对间的传播延迟偏差可参考表 7.11 所列的参考值。

表 7.11　延迟偏差参考值

等级	频率/MHz	最大延迟偏差/μs	等级	频率/MHz	最大延迟偏差/μs
A	f =0.1		D	1≤f≤100	0.044
B	0.1≤f≤1		E	1≤f≤250	0.044
C	1≤f≤16	0.044	F	1≤f≤600	0.026

●直流环路电阻:布线系统永久链路或 CP 链路的每一线对的直流环路电阻可参考表 7.12 所列的参考值。

表 7.12　永久链路直流环路电阻参考值

最大直流环路电阻/Ω					
A 级	B 级	C 级	D 级	E 级	F 级
530	140	34	21	21	21

●传输延迟:布线系统永久链路或 CP 链路的每一线对的传输延迟可参考表 7.13 所列的有关频率参考值。

表 7.13　传输延迟参考值(最大值)

频率/MHz	A 级	B 级	C 级	D 级	E 级	F 级
0.1	19.400	4.400				
1		4.400	0.521	0.521	0.521	0.521
16			0.496	0.496	0.496	0.496
100				0.491	0.491	0.491
250					0.490	0.490
600						0.489

 ### 7.2.3　光纤链路测试标准

光纤链路测试主要包括衰减、长度两个方面的测试,目的是为了检测光缆敷设和端接是否合乎综合布线工程标准。

1. 光纤链路衰减测试

必须对光纤链路上的所有部件进行衰减测试,衰减测试就是对光功率损耗的测试,引起光纤链路损耗的原因主要有:

- 材料原因:光纤纯度不够和材料密度的变化太大。
- 光缆的弯曲程度:包括安装弯曲和产品制造弯曲问题,光缆对弯曲非常敏感,如果弯曲半径大于 2 倍的光缆外径,大部分光将保留在光缆核心内,单模光缆比多模光缆更敏感。
- 光缆接合以及连接的耦合损耗:这主要由截面不匹配、间隙损耗、轴心不匹配和角度不匹配造成。
- 不洁或连接质量不良:主要由不洁净的连接,灰尘阻碍光传输,手指的油污影响光传输,不洁净光缆连接器等造成。

布线系统所采用光纤的性能指标及光纤信道指标应符合设计要求。表 7.14 给出不同类型的光缆每千米的最大衰减值。

表 7.14　光缆最大衰减值

光缆指标	OM1 、OM2 、OM3(多模)		OS1(单模)	
波长/nm	850	1 300	1 310	1 550
衰减/(dB·km^{-1})	3.5	1.5	1.0	1.0

光缆布线信道在规定的传输窗口测量出的最大光衰减范围可以参考表 7.15。

表 7.15　最大光衰减范围

光缆信道级别	多　模		单　模	
	850 nm	1 300 nm	1 310 nm	1 550 nm
OF-300	2.55	1.95	1.80	1.80
OF-500	3.25	2.25	2.00	2.00
OF-2000	8.50	4.50	3.50	3.50

插入损耗是指光发射机与光接收机之间插入光缆或元器件产生的信号损耗,通常指衰减。光纤链路的插入损耗极限值可用以下公式计算:

光纤链路损耗 = 光纤损耗 + 连接器件损耗 + 光纤连接点损耗

光纤损耗 = 光纤损耗系数 × 光纤长度

连接器件损耗 = 连接器件损耗/个 × 连接器件个数

光纤连接点损耗 = 光纤连接点损耗/个 × 光纤连接点个数

2.光纤链路长度测试

(1)水平光缆链路

水平光纤链路从水平跳接点到工作区插座的最大长度为 100 nm,它只需 850 nm 和 1 300 nm 的波长,要在一个波长单方向进行测试。

(2)主干多模光缆链路

主干多模光缆链路应该在 850 nm 和 1 300 nm 波段进行单向测试,链路在长度上有如下要求:

- 从主跳接到中间跳接的最大长度是 1 700 m;

169

- 从中间跳接到水平跳接最大长度是 300 m;
- 从主跳接到水平跳接的最大长度是 2 000 m。

主干单模光缆链路应该在 1 310 nm 和 1 550 nm 波段进行单向测试,链路在长度上有如下要求:

- 从主跳接到中间跳接的最大长度是 2 700 m;
- 从中间跳接到水平跳接最大长度是 300 m;
- 从主跳接到水平跳接的最大长度是 3 000 m。

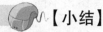【小结】

通过本任务学习,我们应该掌握了综合布线工程中三类、五类、超五类、光纤的测试标准。其中,对于我国现阶段常用的五类、光纤的测试标准,要求在实际工作中能得心应手,为下面熟练地掌握综合布线测试仪器做好准备。

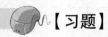【习题】

(1)综合布线工程中三类和五类水平链路测试基本标准有哪些?
(2)归纳总结综合布线工程中超五类以上信道性能指标。
(3)详细说明综合布线工程中光纤链路测试标准。

任务 3　综合布线工程测试仪器及使用

7.3.1　测试仪器性能及精度要求

综合布线工程测试中用到的测试仪器,其性能和精度要符合国家相关标准的要求,测试仪器本身通过权威机构的认证。

1.测试仪器的性能要求

①支持多个测试标准。
②测试仪测量的精度和可重复性能。
③具有一定的故障定位诊断能力。
④具有自动、连续、单项选择测试的功能。
⑤可存储规定的各测量步长频率点的全部测试结果,以供查询。
⑥测试仪器是否被独立认证。
⑦有定位和详细分析电气故障的诊断能力。
⑧简单易用。

2.测试仪器的精度要求

测试仪器的精度器示实际值与仪器测量值的差异程度,直接决定着测量数值的准确性。现场测试仪的精度级别,无论测试基本链路还是信道,作为认证布线的测试仪器必须要达到二级精度。综合布线系统测试仪器性能参数达到二级精度要求。宽带测试仪器的测试精度应高于二级,光纤测试仪器测量信号的动态范围应大于或等于 60 dB。

 7.3.2 测试仪分类

1.电缆测试仪

(1)功能

测试电缆有无开路、断路,是否正确连接,串扰、近端串扰故障定位、同轴电缆终端匹配电阻连接等基本安装情况是否良好,及时发现故障,为解决布线存在的问题提供依据。

(2)参数规格

• 测试功能:验证测试和认证测试。
• 测量精度:TSB 67 标准二级精度。
• 测试频率:100 MHz 或 250 MHz。
• 测试输出方式:屏蔽显示和打印。
• 测试电缆种类:UTP 三类、五类、超五类或六类电缆。

(3)电缆测试设备

常见的电缆测试设备主要有音频生成器和放大器、万用电表、连通性测试仪和电缆分析仪等,如图 7.1 所示。

(a)音频生成器和放大器

(b)万用表

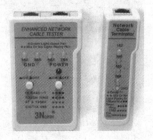
(c)连通性测试仪

(d)电缆分析仪

图 7.1 电缆测试设备

2. 光纤测试仪

（1）功能

基本功能包括：测试连续性、衰减/损耗、光纤输入和输出功率，分析光纤的衰减/损耗，确定光纤连续性和发生光损耗的部位等。

（2）参数规格

- 测试功能：验证测试和认证测试。
- 测量精度：TSB 67 标准二级精度。
- 测试输出方式：屏蔽显示和打印。
- 测试光纤种类：单模、多模、室内和室外。

（3）光纤测试设备

常见的光纤测试设备主要有光纤识别仪和故障定位仪、光功率计、光纤测试光源、光损耗测试仪、光时域反射仪等，如图 7.2 所示。

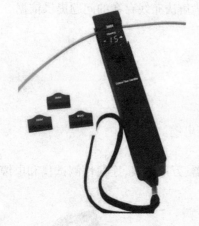

（a）光纤识别仪和故障定位仪 　　　　　　　　（b）光功率计

（c）光纤测试光源　　　　　（d）光损耗测试仪　　　　　（e）光时域反射仪

图 7.2　光纤测试设备

3. 网络测试仪

（1）功能

网络测试仪能迅速准确地进行网络利用率、碰撞率等有关参数的统计，网络协议分析、路由分析、流量测试以及电缆、网卡、集线器、网桥、路由器等网络设备的故障诊断。

（2）参数规格

- 测试功能：网络监测和故障诊断。
- 测试输出方式：屏幕显示和打印。
- 测试网络类型：以太网、令牌网等。

 ### 7.3.3 测试仪使用

常见测试仪器和工具如图7.3所示。

图7.3 常用测试仪、工具及工具箱

1.认证测试环境要求

为保证综合布线系统测试数据准确可靠，对测试环境有严格规定。

①无环境干扰。综合布线测试现场应无产生严重电火花的电焊、电钻和产生强磁干扰的作业设备，被测综合布线系统必须是无源网络，测试时应断开与之相连的有源、无源通信设备。

②测试温度要求。综合布线测试现场的温度宜在 20～30 ℃，湿度宜在30%～80%。由于衰减指标的测试受测试环境温度影响较大，当测试环境温度超出上述范围时，需要按有关规定对测试标准和测试数据进行修正。

③防静电措施。在气候干燥，湿度在 10%～20%，验收测试进行。湿度在 20% 以下时，静电火花时有发生，不仅影响测试结果的准确性，甚至可能使测试无法进行或损坏仪表，这种情况下测试者和持有仪表者注意采取防静电措施。

2. DSP-4x00 数字式电缆测试仪

DSP-4x00 系列产品、包括 DSP-4000、DSP-4100 和 DSP-4300 等型号（如图 7.4 所示）。数字式综合电缆测试仪是手持式工具，获得 UL 和 ETL 双重Ⅲ级精度认证，能满足 ANSI/EIA/TLA 568B 规定的 3,4,5,6 类及 ISO/IEC11801 规定的 B、C、D、E 级通道进行认证和故障诊断的精度要求，它可用于综合布线工程、网络管理及维护等多方面。DSP-4x00 数字式电缆测试仪及配件，由主机和远端机组成，同进包括接口、存储等配件。

图 7.4　DSP-4x00 数字式电缆测试仪

（1）操作界面

主机控制界面如图 7.5 所示。

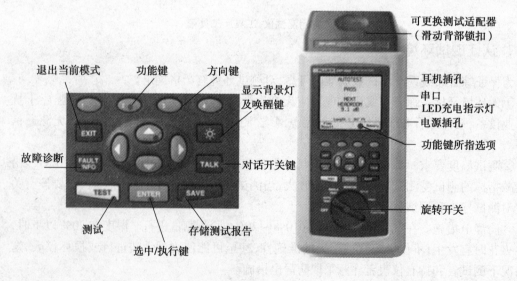

图 7.5　操作界面

远端机控制界面，如图 7.6 所示。

（2）测试步骤，自校验准备

DSP 测试仪的主端和远端应该每月做一次自校准,用自测试来检查硬件情况,如图7.7所示。

用不小于 15 m 的双绞线校准 NVP 值。

连接被测链路,将测试仪主机和远端机连上被测链路,如果是通道测试就使用原跳线连接仪表,如果是永久链路测试,就必须用永久链路适配器连接。

（3）测试注意事项

①认真阅读测试仪使用操作说明书,正确使用仪表。

②测试前要完成对测试仪主机、辅机充电工作并观察充电是否达到80%以上。

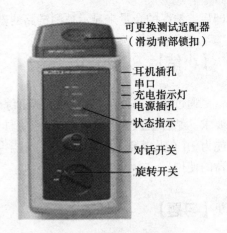

图 7.6　远端机控制界面

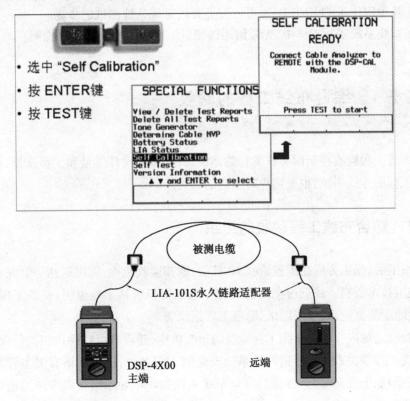

图 7.7　自测试检查

③熟悉现场和布线图,测试过程也同时可对管理系统现场文档、标志进行检验。

④发现链路结果为"测试失败"时,可能有多种原因造成,应进行复测再次确认。

⑤测试仪存储测试数据和链路数有限,及时将测试结果转存计算机。

（4）测试结果分析

数字电缆测试仪用显示最差情况的近端串扰或综合近端串扰与测试极限之间的距离,

即最差情况的余量来显示被测链路的安装质量。

【小结】

通过本任务的学习,我们了解了综合布线工程中常用的测试仪器,以及对测试仪的具体要求。结合上次任务的要求,我们应具备熟练运用常用测试仪器检测综合布线工程质量的能力,并在此基础上深入学习,了解当今国际上测试仪器的发展状况,及时掌握新型测试仪器的使用。

【习题】

(1)超五类布线系统在测试时要测试哪些项目?请详细说明。

(2)布线系统中常用的电缆测试设备有哪些?简要说明可做哪些测试。

(3)简要说明使用 FLUKE DTX 进行五类布线系统认证测试的步骤。

(4)在布线系统实际工作中,光缆信道的测试方法有哪些?请简要说明。

任务4 综合布线工程的验收

综合布线工程验收将全面考核工程的建设工作,检验设计质量和工程质量,是施工方向用户移交工程的正式手续,也是用户对工程的认可。

7.4.1 综合布线工程验收的组织

工程竣工后,施工方应在工程验收 10 日前,通知验收机构,同时送达一套完整的竣工报告,并将竣工技术资料一式三份交给建设方。竣工资料包括工程说明、安装工程量、设备器材明细表、随工测试记录、竣工图纸、隐蔽工程记录等。

联合验收之前成立综合布线工程验收的组织机构,建设方可以聘请相关行业专家,对于防雷及地线工程等关系到计算机网络系统安全的工程部分,还应申请有关主管部门协助验收(比如气象局、公安局等)。通常的综合布线工程验收领导小组可以考虑聘请以下人员参与工程的验收:

- 工程双方单位的行政负责人
- 工程项目负责人及直接管理人员
- 主要工程项目监理人员
- 建筑设计施工单位的相关技术人员
- 第三方验收机构或相关技术人员组成的专家组

在验收中,有些工程项目是由工程双方认可,有一些内容并非双方签字盖章就可以通过,如涉及消防、地线工程等项目的验收,通常要由相关主管部门来进行。

验收的一般程序通常是由双方的单位领导阐明工程项目建设的重要意义和作用;然后,听取双方项目主管和有关技术人员着重就项目设计规划和实施工程中采用的各种方案进行介绍,并就实施过程中遇到的问题、相应的解决措施及可能的利弊等进行说明,其中应当出示由第三方专家签认的关于综合布线工程的各种测试数据、图表等文档;接着,听取验收现场各位专家的意见,在形成一致意见的基础上拟定验收报告,并由有关验收组的人员签字盖章后生效。对于公安、消防等主管部门的意见,往往具有强制性,因而在形成报告后通常还应附带所有的相关文件、标准及数据说明存档。

 ### 7.4.2　综合布线工程验收依据

目前国内综合布线工程的验收主要是参照国家标准《综合布线系统工程验收规范》(GB 50312—2007)中描述的项目和测试过程进行。此外,综合布线系统工程验收还涉及其他标准规范,如《智能建筑工程质量验收规范》(GB 50339—2003)、《建筑电气工程施工质量验收规范》(GB 50303—2002)、《通信管道工程施工及验收技术规范》(GB 50374—2006)等。

当工程技术文件、承包合同文件要求采用国际标准时,应按相应的标准验收,但不应低于《综合布线系统工程验收规范》的规定。以下国际标准可供参考:

《用户建筑综合布线》(iso/IEC 11801)

《商业建筑电信布线标准》(EIA/TIA 568)

《商业建筑电信布线安装标准》(EIA/TIA569)

《商业建筑通信基础结构管理规范》(EIA/TIA606)

《商业建筑通信接地要求》(EIA /TIA607)

《信息系统通用布线标准》(EN50173)

《信息系统布线安装标准》(EN50174)

在综合布线系统的施工和验收中,如遇到上述各种规范未包括的技术标准和技术要求,为了保证验收,可按有关设计规范和设计文件的要求办理。由于综合布线系统工程中尚有不少技术问题需要进一步研究,因此,在工程验收时,应当密切注意当时有关部门有无发布新的标准或补充规定,以便结合工程的实际情况进行验收。

 ### 7.4.3　综合布线工程验收要求

在竣工验收之前,需要有自检阶段和初检阶段。加强自检和随工检查等技术管理措施,建设单位的常驻工地代表或工程监理人员必须按照上述工程质量检查工作。

所有随工验收和竣工验收的项目内容和检验方法等均应按照《建筑与建筑群综合布线系统工程验收规范》的规定办理。

由建设单位负责组织现场检查、资料收集与整理工作。设计单位、施工单位都有提供资料和竣工图纸的责任。

工程的验收主要以《建筑与建筑群综合布线系统工程验收规范》(GB/T 50312—2000)作为技术验收规范。由于综合布线工程是一项系统工程,不同的项目会涉及其他一些技术规范,因此,综合布线工程验收还需符合以下技术规范:

《大楼综合布线总规范》(YD/T 926—1～3(2000))

《综合布线系统电气特性通用测试方法》(YD/T1013—1999)

《数字通信用实心聚烯烃绝缘水平对绞电缆》(YD/T1019—2000)

《本地网通信线路工程验收规范》(YD5051—1997)

《通信管道工程施工及验收技术规范(修订本)》(YDJ39—1997)

在综合布线工程施工与验收中,当遇到上述各种规范未包括的技术标准和技术要求,可按有关设计规范和设计文件的要求办理。

由于综合布线技术日新月异,技术规范内容经常在不断地修订和补充,因此在验收时,应注意使用最新版本的技术标准。

 7.4.4　综合布线工程验收阶段

1.开工前检查

工程验收应从工程开工之日起开始。设备材料检验包括查验产品的规格、数量、型号是否符合设计要求,查线缆的外护套有无破损,抽查线缆的电气性能指标是否符合技术规范。环境检查包括查土建施工情况:地面、墙面、门、电源插座及接地装置、机房面积、预留孔洞等环境。

2.随工验收

在工程中为随时考核施工单位的施工水平和施工质量,对产品的整体技术指标和质量有一个了解,部分验收工作应在随工中进行,如布线系统的电气性能测试工作、隐蔽工程等。

3.初步验收

对所有的新建、扩建和改建项目,都应在完成施工调测之后进行初步验收。初步验收的时间应在原计划的建设工期内进行,由建设方组织设计、施工、监理、使用等单位人员参加。

4.竣工验收

工程竣工验收为工程建设的最后一个程序,对于大、中型项目可以分为初步验收和竣工验收两个阶段。一般综合布线系统工程完工后,在尚未进入电信、计算机网络或其他弱电系统的运行阶段,应先期对综合布线系统进行竣工验收。对综合布线系统各项检测指标认真进行考核审查,如果全部合格,且全部竣工图纸资料等文档齐全,即可对综合布线系统进行单项竣工验收。

 ### 7.4.5 综合布线工程验收内容

对综合布线系统工程验收的主要内容为:环境检查、器材检验、设备安装检验、缆线敷设检验、保护方式检验、缆线终接检验等。

1.环境检查

①房屋地面平整、光洁,门高度和宽度应不妨碍设备和器材的搬运,门锁和钥匙齐全。

②房屋预埋地槽、暗管及孔洞和竖井的位置、数量、尺寸均应符合设计要求。

③铺面活动地板的场所,活动地板防静电措施的接地应符合设计要求。

④交接间、设备间应提供220 V单相带地电源插座。

⑤交接间、设备间应提供可靠的接地装置,设置接地体时,检查接地电阻值及接地装置应符合设计要求。

⑥交接间、设备间的面积、通风及环境温、湿度应符合设计要求。

2.设备安装验收

①机柜、机架安装要求。

②各类配线部件安装要求。

③模块插座安装要求。

④电缆桥架及线槽的安装要求。

3.缆线的敷设检验

①缆线敷设要求。

• 缆线的形式、规格应与设计规定相符。

• 缆线的布放应自然平直,不得产生扭绞、接头打圈等现象,不应受外力的挤压和损伤。

• 缆线两端应贴有标签,标明编号,标签书写清晰、端正、正确。标签应选不易损材料。

• 缆线终接后,应留有余量。交接间、设备间对绞电缆预留长度宜为0.5~1.0 m,工作区为10~30 mm;光缆布放宜盘留,预留长度宜为3~5 m,有特殊要求的应按设计要求预留长度。

• 缆线的弯曲半径符合规定。

• 电源线、综合布线系统缆线应分隔布放,缆线间的最小净距符合设计要求,建筑物内电、光缆暗管敷设与其他管线最小净距符合规定。

②预埋线槽和暗管敷设缆线要求。

③设置电缆桥架和线槽敷设缆线规定要求。

④采用吊顶支撑柱作为线槽在顶棚内敷设缆线时,每根支撑柱所辖范围内的缆线可不设置线槽进行布放,但应分束绑扎,缆线护套应阻燃。

⑤建筑群子系统采用架空、管道、直埋、墙壁及暗管敷设电、光缆的施工技术要求应按照本地网通信线路工程验收的相关规定执行。

4.保护方式检验

①水平子系统缆线敷设保护要求。
- 预埋金属线槽保护要求。
- 预埋暗管保护要求。
- 网络地板缆线敷设保护要求。
- 设置缆线桥架和缆线线槽保护要求。
②干线子系统缆线敷设保护方式要求。
③建筑群子系统缆线敷设保护方式应符合设计要求。

5.缆线终接检验

①缆线终接要求。缆线在终接前,必须核对缆线标志内容是否正确,对绞电缆与插接件连接应认准线号、线位色标,不得颠倒和错接;缆线中间不允许有接头,终接处必须牢固、接触良好。

②对绞电缆芯线终接要求。终接时,每对绞线应保持扭绞状态,扭绞松开长度对于5类线不应大于13 mm。对绞线在与8位模块式通用插座相连时,必须按色标和线对顺序进行卡接。

屏蔽对绞电缆的屏蔽层与接插件终接处屏蔽罩必须可靠接触,缆线屏蔽层应与接插件屏蔽罩360°圆周接触,接触长度不宜小于10 mm。

③光缆芯线终接要求。采用光纤连接盒对光纤进行连接、保护,在连接盒中光纤的弯曲半径应符合安装工艺要求。光纤熔接处应加以保护和固定,使用连接器以便于光纤的跳接。

光纤连接盒面板应有标志。

光纤连接损耗值,可以参考表7.16。

表7.16 光纤连接损耗值

光纤连接损耗值/dB				
连接类别	多模		单模	
	平均值	最大值	平均值	最大值
熔接	0.15	0.3	0.15	0.3

④各类跳线的终接规定。各类跳线缆线和接插件间接触应良好,接线无误,标志齐全。跳线选用类型应符合系统设计要求。

各类跳线长度应符合设计要求,一般对绞电缆跳线不应超过5 m,光缆跳线不应超过10 m。

7.4.6　工程验收项目汇总

综合布线系统工程的验收包括建筑物、建筑群与住宅小区几个部分的内容验收,项目汇总可参照表 7.17,实际运用中每一个单项工程应根据所包括的范围和性质编制相应的检验项目和内容。

表 7.17　综合布线系统工程检验项目及内容

阶　段	验收项目	验收内容	验收方式
施工前检查	(1)环境要求	①土建施工情况:地面、墙面、门、电源插座及接地装置; ②土建工艺:机房面积、预留孔洞; ③施工电源; ④地板铺设; ⑤建筑物入口设施检查	施工前检查
	(2)器材检验	①外观检查; ②形式、规格、数量; ③电缆及连接器件电气特性测试; ④光纤及连接器件特性测试; ⑤测试仪表和工具的检验	
	(3)安全、防火要求	①消防器材; ②危险物的堆放; ③预留孔洞防火措施	
设备安装	(1)电信间、设备间、设备机柜、机架	①规格、外观; ②安装垂直、水平度; ③油漆不得脱落,标志完整齐全; ④各种螺丝必须紧固; ⑤抗震加固措施; ⑥接地措施	随工检验
	(2)配线模块及 8 位模块式通用插座	①规格、位置、质量; ②各种螺丝必须拧紧; ③标志齐全; ④安装符合工艺要求; ⑤屏蔽层可靠连接	

181

续表

阶　段	验收项目	验收内容	验收方式
电、光缆布放（楼内）	（1）电缆桥架及线槽布放	①安装位置准确； ②安装符合工艺要求； ③符合布放缆线工艺要求； ④接地	随工检验
	（2）缆线暗敷（包括暗管、线槽、地板下等方式）	①缆线规格、路由、位置； ②符合布放缆线工艺要求； ③接地	
电、光缆布放（楼间）	（1）架空缆线	①吊线规格、架设位置、装设规格； ②吊线垂度； ③缆线规格； ④卡、挂间隔； ⑤缆线的引入符合工艺要求	随工检验
	（2）管道缆线	①使用管孔孔位； ②缆线规格； ③缆线走向； ④缆线的防护设施设置质量	隐蔽工程签证
	（3）埋式缆线	①缆线规格； ②敷设位置、深度； ③缆线的防护设施的设置质量； ④回土夯实质量	
	（4）通道缆线	①缆线规格； ②安装位置,路由； ③土建设计符合工艺要求	
	（5）其他	①通信路线与其他设施的间距； ②进线室设施安装、施工质量	随工检验或隐蔽工程签证
缆线终接	（1）8位模块式通用插座	符合工艺要求	随工检验
	（2）光纤连接器件	符合工艺要求	
	（3）各类跳线	符合工艺要求	
	（4）配线模块	符合工艺要求	

续表

阶　段	验收项目	验收内容	验收方式
系统测试	(1)工程电气性能测试	①连接图； ②长度； ③衰减； ④近端串音； ⑤近端串音功率和； ⑥衰减串音比； ⑦衰减串音比功率和； ⑧等电平远端串音； ⑨等电平远端串音功率和； ⑩回波损耗； ⑪传播时延 ⑫传播时延偏差； ⑬插入损耗； ⑭直流环路电阻； ⑮设计中特殊规定的测试内容； ⑯屏蔽层的导通	竣工检验
	(2)光纤特性测试仪	①衰减； ②长度	
管理系统	(1)管理系统级别	符合设计要求	竣工检验
	(2)标识符与标签调设置	①专用标识符类型及组成； ②标签设置； ③标签材质及色标	
	(3)记录和报告	①记录信息； ②报告； ③工程图纸	
工程总验收	(1)竣工技术文件 (2)工程验收评价	清点、交接技术文件； 考核工程质量，确认验收结果	

【小结】

通过本任务的学习，我们了解了综合布线工程验收的各个阶段及相关内容，如工程验收依据，验收具体要求，验收具体内容，并要求我们能在实际工作中灵活运用；最后形成工程验收项目汇总资料；便于我们以合同为依据为用户提供技术支持，对综合布线系统进行管理维护，保障系统的顺利运行。

【习题】

(1)综合布线工程验收中怎样进行保护方式检验?

(2)综合布线工程验收过程中,可以进行随工检验的项目有哪些?

(3)综合布线工程竣工验收的技术文件应符合哪些规范?

(4)简要说明综合布线工程竣工验收的依据和原则。

模块7　学习自评表
知识目标评价表

任　务	知识目标	了　解	理　解	掌　握
任务1	综合布线工程测试种类			
	综合布线工程测试对象			
	综合布线工程测试内容			
任务2	三类和五类测试标准			
	超五类测试标准			
	光纤测试标准			
任务3	测试仪器性能要求			
	测试仪器的分类及使用			
任务4	综合布线工程验收组织			
	综合布线工程验收依据及要求			
	综合布线工程验收内容及过程			
	综合布线工程验收汇总			

能力目标评价表

能　力	未掌握	基本掌握	能应用	能熟练应用
选择适用测试种类				
规划测试对象				
编写测试内容表				
三类和五类测试标准				
超五类测试标准				
光纤测试标准				
选择、调试测试仪器				
使用常用测试仪器				
规划综合布线工程验收内容				
制订综合布线工程验收过程表				
编写综合布线工程验收汇总表				

综合布线工程项目案例

【模块目标】

◆ 了解典型校园网综合布线工程设计与施工过程

◆ 了解典型办公大楼综合布线工程设计与施工过程

综合布线技术自20世纪90年代初期引入我国后,综合布线系统工程设计已在国内实施了十多年时间。国家有关部门及相关行业制定综合布线系统的设计、施工、验收的标准和规范,但目前还没有制定规范的设计文档格式。行业内各公司根据实际施工需要,制定了标准的设计内容和规范文档,以满足工程施工要求。本章列举了典型的工程设计案例,以便读者理解综合布线系统的设计过程及要点,掌握综合布线工程方案编制的技巧。

任务 1　校园网综合布线工程项目方案与施工

【情境设置】

某学院校园网综合布线工程。

8.1.1　综合布线系统用户需求分析

1. 工程概况

本方案是对一座 6 层高宿舍楼的综合布线系统设计,该宿舍楼是 5 号宿舍楼群(有 A、B、C 3 座楼)的中间一座,在 1、2 层有 2 个房间位置的通道,1、2、6 层 17 间房,3、4、5 层 19 间房,每间房住 6 人。根据用户需求,按一人一个信息插座的要求配置综合布线系统。

工程名称:某学院学生宿舍 5 号楼 B 座综合布线工程。

地理位置:学生宿舍区。

建筑物数量:6 层建筑物 1 栋。

2. 布线系统设计、施工、验收遵循的规范和标准

(1)网络应用标准

● 100BASE-TX　基于超 5 类双绞线的 100 Mbit/s 以太网标准。

● 1000BASE-T　基于超 5 类双绞线的 1000 Mbit/s 以太网标准。

● 1000BASE-LX　基于 1 310 nm 的 8.3 μm/125 μm 单模光纤的 1 000 Mbit/s 以太网标准。

(2)布线标准

●《信息技术—用户通用布线系统》(ISO/IEC 11801　2002)。

●《商务建筑物建筑布线标准》(ANSI/EIA/TIA 568 B)。

●《建筑及建筑群综合布线系统工程设计规范》(GB 50311—2007)。

●《建筑与建筑群综合布线系统工程验收规范》(GB 50312—2007)。

3. 设计目标

(1)标准

本设计综合了楼内所需的所有语音、数据、图像等设备的信息传输,并将多种设备终端插头插入标准的信息插座或配线架上。

(2)兼容性

本设计对不同厂家的语音、数据设备均可兼容,且使用相同的电缆与配线架、相同的插

头和模块插孔。因此,无论布线系统多么复杂、庞大,不再需要与不同厂商进行协调,也不再需要为不同的设备准备不同的配线零件,以及复杂的线路标志与管理线路图。

(3)模块化

综合布线采用模块化设计,布线系统中除固定于建筑物内的水平线缆外,其余所有的接插件都是积木标准件,易于扩充及重新配置,因此当用户因发展而需要增加配线时,不会因此而影响到整体布线系统,可以保证用户先前在布线方面的投资。综合布线为所有话音、数据和图像设备提供了一套实用的、灵活的、可扩展的模块化的介质通路。

(4)先进性

本设计将采用广州 VCOM 公司生产的超五类器件构筑楼内的高速数据通信通道,能将当前和未来相当一段时间的语音、数据、网路、互联设备以及监控设备很方便地扩展进去,其带宽高达 150 M 以上,是真正面向未来的超五类系统。

4. 用户需求

按所住学生人数,每人分配一个信息点,共 108 间房,其中 B414 房作为设备间,安装 107 × 6 = 642 个信息点,宿舍值班室 1 个信息点,其他服务部信息点 4 个,共安装信息点 647 个,其分布如表 8.1 所示。

表 8.1　信息点分布情况

楼层号	每层房间数	信息点数量	楼层号	每层房间数	信息点数量
6	18	102	3	18	114
5	18	102	2	18	106
4	18	108	1	18	103

 ## 8.1.2　综合布线系统结构设计

学生宿舍 5 号楼 B 座规模不大,若将设备间选择在宿舍楼的中心位置,设备间到各信息点的距离都在非屏蔽双绞线的 90 m 有效传输距离内。为方便管理,减少对宿舍房间的占用,综合布线系统不专设楼层配线间,采用 BD/FD 合二为一的方式,即楼层配线间与设备间合二为一,水平布线垂直布线合为一条链路。对于建筑物子系统,则用一条光缆与学生社区网络中心相连,因此综合布线系统合并成以下 4 个子系统:

- 工作区子系统
- 水平/垂直子系统
- 设备间/管理子系统
- 建筑群子系统

1. 水平子系统

(1)管线设计

由于本工程的对象是旧建筑物,原设计没有预留任何管线,因此综合布线系统还包括管线系统的设计与施工。设备间放置在 B414 房。管线包含以下部分:

- 垂直主干管线
- 水平主干管线
- 房间内墙面 PVC 线槽

由于走廊上已吊装电力线缆管线,安装的桥架与该电力线缆管线相隔的距离必须符合 GB/T 50311—2007 要求。

对槽、管大小的选择采用以下简易方式:

$$槽(管)截面积 = (n \times 线缆截面积)/(70\% \times (40\% \sim 50\%))$$

(2)水平电缆

水平布线系统均采用星形拓扑结构,它以设备间 B414 为主节点,形成向工作区辐射的星形线路状态。从 B414 到达楼内任一信息点的距离都不超过 90 m,采用超五类非屏蔽双绞线,与其相应的跳线、信息插座模块和配线架等接插件也采用超 5 类产品,满足当前传输 100 Mbit/s 的要求和将来升级到 1 000 Mbit/s 的需要。

电缆用量计算:

$$A(平均长度) = (最短长度 + 最长长度) \times 0.55 + D$$

其中,D 是端接余量,常用数据是 6 ~ 15 m,根据工程实际取定。本设计中取 D 为 6 m。

$$水平电缆的箱数 = 信息点数 \times \frac{A(平均长度)}{305} + 1$$

本工程中最长线缆长度为 85 m,最短线缆长度为 15 m。

2. 工作区子系统

每间宿舍为一个工作区,每间宿舍住 6 位学生,每间宿舍都是按上面床位下面写字桌安排,分两边每边 3 人布局。在写字桌桌面上方 30 cm 高的地方都已安装了一个电源插座,因此信息插座就安装在与电源插座等高、相距 20 cm 的地方,全部是明装。

3. 设备间

由于从设备间到楼内各信息点的距离不超过 90 m,另一方面为了管理方便和节省配线间对空间的占用,将设备间设置在该学生宿舍的中心位置 B414 房间,所有的配线管理全部在设备间。

根据配线架、光纤终端盒和网络设备的数量情况,设备间配置 3 台标准 42 U 机柜(600 mm × 600 mm),设备间采用高架防静电地板,继续将 200 mm × 120 mm 的槽式桥架敷设在高架地板下,将线缆通过高架地板从机柜底部敷设进机柜。

(1)布线管理

对全部信息点进行编号。编号方式:信息点类别 + 楼栋号 + 楼层号 + 房间号 + 信息点位置号。由于本次工程只有网络信息点,编号中信息点类别可省略,如 3 层 11 号房第 5 个信息点的编号为:5B3115。

(2)设备间环境要求

主设备间对环境有较高要求。主设备间内需建立一个照明良好、经过仔细调节、安全而又得到保护的环境,通常应达到以下要求:

①保持室内无尘土,具有良好的通风条件,室内的照明不低于 540 Lx。

②室温保持在 18 ~ 27 ℃,相对湿度保持在 30% ~ 55%。建议安装空调以保证温度、湿度要求。

③安装合适的符合相关规定要求的消防系统。

使用防火门,至少能耐火 1 小时的防火墙(从地板到天花板)和阻燃漆。

房间至少有一扇窗留作安全出口。

设备间内设备安装建议进行抗震加固,具体措施为制作抗震底座并于地面用膨胀螺栓固定。网络机架用螺栓固定在抗震底座上。设备间内机架或机柜前面净空大于 800 mm,后面净空大于 600 mm。壁挂式配线设备底部离地面的高度大于 300 mm。任意配线架的金属基座都应接地,接地电阻不大于 3 Ω,每个电源插座的容量不小于 300 W。室内应提供 UPS 电源以保证网络设备运行及维护的供电,对电源插座的容量也有一定的要求。

对各楼中的管理间环境也有要求。对于环境温度、通风情况等都必须符合一定的要求,应尽量保持室内无尘土,符合有关的消防规范,配置消防系统等。设备间的面积(除网络中心外)建议大于 10 m²。设备间提供 2 个 200 V、10 A 带保护接地的单相电源插座。

(3)接地保护

综合布线电缆和相关连接硬件接地是提高应用系统可靠性、抑制噪声、保障安全的重要手段。因此,设计人员、施工人员在进行布线设计施工前,都必须对所有设备,特别是应用系统设备的接地要求进行认真研究,弄清接地要求以及各类地线之间的关系。如果接地系统处理不当,将会影响系统设备的稳定性,并引起故障,甚至会烧毁系统设备,危害操作人员生命安全。综合布线系统机房和设备的接地,按不同作用分为直流工作接地、交流工作接地、安全保护接地、防雷保护接地、防静电接地及屏蔽接地等。

• 接地系统:根据《电子计算机机房设计规范(GB 50174—93)》中对接地的要求:交流工作接地、安全保护接地、防雷接地的接地电阻应 ≤4 Ω。计算机接地系统是为了消除公共阻抗的耦合,防止寄生电容耦合的干扰,保护设备和人员的安全,保证计算机系统稳定可靠运行的重要措施。如果接地与屏蔽正确地结合起来,那么在抗干扰设计上是最经济而且效果最显著的一种。因此,为了能保证计算机系统安全、稳定、可靠地运行,保证设备人身的安全,针对不同类型计算机的不同要求,设计出相应的接地系统。

• 线路防护:进入建筑物的所有线路必须安装电涌保护器,低压配电线路应设计三级保护。

技术参数:

SPD1——选用 I 级分类试验冲击电流 Iimp 通过幅值电流不小于 35 kA(10/350 μs),残压小于 4 kV;

SPD2——选用标称放电电流不小于 15 kA(8/20 μs),残压小于 1.5 kV;

SPD3——选用标称放电电流不小于 3.5 kA(8/20 μs),残压小于 1.2 kV。

• 产品验收:所有产品必须具有国家相关部级质检机构出具的检验报告。

4.建筑群子系统设计

建筑群子系统设计比较简单,该学院学生宿舍之间已敷设有地下通信管道,电缆敷设时直接利用原有管道系统,由于 5 号楼 B 座到学生社区网络中心的距离为 600 m,且该设备间同时为 B、C 楼服务,因此选用一条单模八芯室外光缆。

 ## 8.1.3　工程图纸的设计

• 综合布线系统拓扑图,如图 8.1 所示。

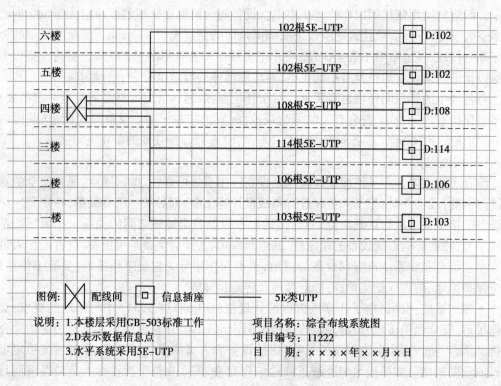

图 8.1　综合布线系统拓扑图

• 二楼水平管线与信息点分布图(一楼与二楼结构相同),如图 8.2 所示。
• 三楼水平管线与信息点分布图,如图 8.3 所示。
• 四楼水平管线与信息点分布图,如图 8.4 所示。
• 五楼水平管线与信息点分布图(六楼与五楼结构相同),如图 8.5 所示。

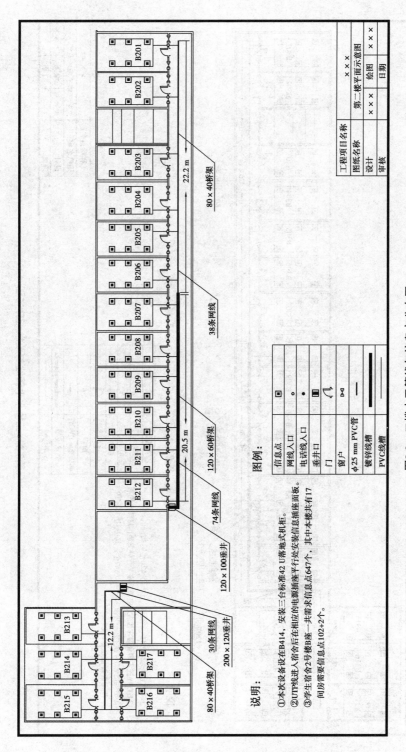

图8.2 二楼水平管线与信息点分布图

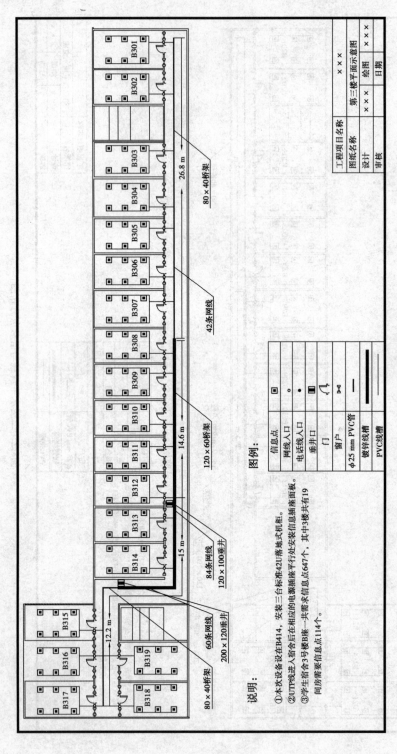

图8.3 三楼水平管线与信息点分布图

图例：

信息点	▣
网线入口	○
电话线入口	●
垂井口	▣
门	⌐
窗户	▷◁
φ25 mm PVC管	─
镀锌线槽	
PVC线槽	━━

说明：

①本次设备设在B414，安装三台标准42U落地式机柜。

②UTP线进入宿舍后在相应的电源插座平行处安装信息插座面板。

③学生宿舍3号楼B座一共需求信息点647个，其中3楼共有19同房需要信息点1114个。

工程项目名称	×××		
图纸名称	第三楼平面示意图		×××
设计	×××		
审核	×××		

194

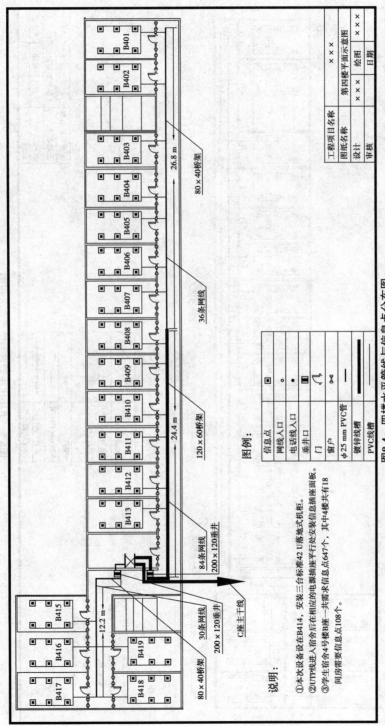

图例：

信息点	▣
网线入口	○
电话线入口	●
垂井口	▣
门	⌐
窗户	▯—▯
φ25 mm PVC 管	——
镀锌线槽	▬▬▬
PVC线槽	——

说明：

①本次设备设在B414，安装三台标准42 U落地式机柜。

②UTP线进入宿舍后在相应的电源插座平行处安装信息插座面板。

③学生宿舍4号楼B座一共需求信息点647个，其中4楼共有18个房间需要信息点108个。

图8.4　四楼水平管线与信息点分布图

工程项目名称	× × ×		
图纸名称	第四楼平面示意图	绘图	× × ×
设计	× × ×		
审核	× × ×	日期	

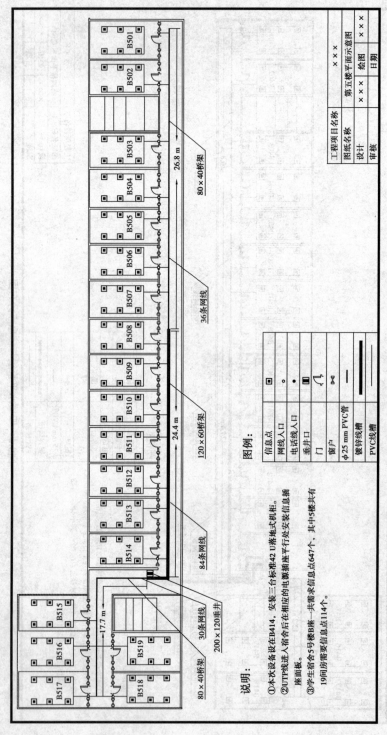

图8.5 五楼水平管线与信息点分布图

8.1.4　工程主要材料计算及施工费用的计算

根据设计部分相关技术指标来完成表 8.2 的材料预算表。

表 8.2　综合布线材料及施工费用预算表

序　号	产品名称	品　牌	规格型号	数　量	单　位	单　价	合　计	备　注
1	机柜				个			
2	双绞线				箱			
3	跳线				根			
4	模块				个			
5	面板				个			
6	配线架				个			
7	理线环				个			
8	底盒				个			
9	水平桥架				米			
10	垂直桥架				米			
11	电源线				圈			
12	PVC 线槽				米			
13	光纤				米			
14	光纤跳线				对			
15	光纤尾纤				根			
16	耦合器				个			
17	光纤配线架				个			
18	光纤熔接				芯			
19	辅材				批			
20								
A	材料费小计							
B	施工费 = 材料费×10%							
C	税费 =（材料费×施工费）×3.5%							
D	合计 = 材料费 + 施工费 + 税费							

8.1.5 项目的施工

1.制定施工方案,编制施工进度表

施工进度表见表8.3所示。

表8.3 某学院学生宿舍综合布线工程施工进度计划表

序号	任务名称	××××年××月											××××年××月					
		1	4	7	10	13	16	19	22	25	28	31	1	4	7	10	13	16
1	现场工作人员进场	━	━	━	━	━	━	━	━	━								
2	工地现场勘查	━	━	━														
3	结合图纸全阅	━	━	━														
4	材料采购	━	━	━	━													
5	设备采购、检测检验	━	━	━	━	━	━											
6	室内桥架、配管安装	━	━	━	━	━												
7	线缆敷设	━	━	━	━	━	━											
8	机柜安装						━	━	━	━								
9	工作区安装					━	━	━	━	━	━							
10	配线架安装、打接线缆、端口编号					━	━	━	━	━	━	━						
11	计算机网络系统安装及调试											━	━	━				
12	系统调试												━	━	━			
13	竣工验收																━	━

2.会审

制定好施工方案后,和用户(甲方)会审,经用户认可施工方案后,按照施工进度表来进行施工。具体施工方法见本书模块5综合布线工程施工技术。

3.工程测试和验收

施工完成后,要进行工程的测试和验收,具体测试验收方法和过程见模块7综合布线工程测试与验收。

验收时需要准备竣工文档,竣工文档包含以下内容:

- 综合布线信息点统计表
- 综合布线系统结构图

- 综合布线管线路由图
- 综合布线机柜安装图
- 综合布线施工进度表
- 综合布线端口—信息点对应表
- 综合布线材料预算统计表
- 综合布线信息点测试报告

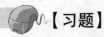

【小结】

本任务是一个典型的旧楼改造工程,也是一个典型的学生宿舍的综合布线工程,通过本任务学习,我们了解了学校学生宿舍楼以及旧楼的综合布线工程的设计及施工方法。

【习题】

根据自己学校所住的宿舍楼的实际情况,做一个综合布线工程设计,并完成相关工程图表。

任务 2 大厦综合布线工程项目方案

【情境设置】

某政府机关办公大楼,主体工程已经完工,综合布线系统的管槽路由已安装到位,现在进入弱电施工阶段。

8.2.1 综合布线系统用户需求分析

1.工程概况

办公大楼共 10 层,楼长 70 m,1—4 楼宽 45 m,5—10 楼宽 30 m,楼层高 3 m。综合布线系统的管槽路由已安装到位。传输的信号种类为数据和语音。每个信息点的功能要求在必要时能够进行语音、数据通信的互换使用。

工程名称:某政府机关办公大楼综合布线。

地理位置:某政府机关所在地。

建筑物数量:10 层建筑物 1 栋。

2. 设计范围及分工

本设计包含网络和电话的综合布线部分的设计及施工。

由各个楼层配线间至各个信息点的室内超 5 类双绞线的布放。

各个楼层配线间至主设备间的光缆、大对数电缆的布放,标准 24 口光缆配线架、标准 24 口模块式配线架、110 配线架和机柜等设备的安装。

中心机房设在大厦 1 层靠近电梯处的一个房间。

3. 布线系统设计、施工、验收遵循的规范和标准

(1) 网络应用标准

- 100BASE-TX　基于超 5 类双绞线的 100 Mbit/s 以太网标准。
- 1000BASE-T　基于超 5 类双绞线的 1 000 Mbit/s 以太网标准。
- 1000BASE-LX　基于 1 310 nm 的 8.3 μm/125 μm 单模光纤的 1 000 Mbit/s 以太网标准。

(2) 布线标准

- 《信息技术—用户通用布线系统》(ISO/IEC 11801 2002)。
- 《商务建筑物建筑布线标准》(ANSI/EIA/TIA 568 B)。
- 《建筑及建筑群综合布线系统工程设计规范》(GB 50311—2007)。
- 《建筑与建筑群综合布线系统工程验收规范》(GB 50312—2007)。

4. 设计目标

(1) 标准

本设计综合了楼内所需的所有语音、数据、图像等设备的信息传输,并将多种设备终端插头插入标准的信息插座或配线架上。

(2) 兼容性

本设计对不同厂家的语音、数据设备均可兼容,且使用相同的电缆与配线架、相同的插头和模块插孔。因此,无论布线系统多么复杂、庞大,不再需要与不同厂商进行协调,也不再需要为不同的设备准备不同的配线零件,以及复杂的线路标志与管理线路图。

(3) 模块化

综合布线采用模块化设计,布线系统中除固定于建筑物内的水平线缆外,其余所有的接插件都是积木标准件,易于扩充及重新配置,因此当用户因发展而需要增加配线时,不会因此而影响到整体布线系统,可以保证用户先前在布线方面的投资。综合布线为所有话音、数据和图像设备提供了一套实用的、灵活的、可扩展的模块化的介质通路。

(4) 先进性

本设计将采用广州 VCOM 公司生产的超五类器件构筑楼内的高速数据通信通道,能将当前和未来相当一段时间的语音、数据、网路、互联设备以及监控设备很方便地扩展进去,其带宽高达 150 Mbit/s 以上,是真正面向未来的超五类系统。

5. 用户需求

大厦信息点分布见表8.4。

表 8.4　大厦的信息点分布

配线间位置	楼　层	数据信息点	语音信息点	小　计
电梯附近小房间	1	27	27	54
弱电井	2	27	27	54
弱电井	3	27	27	54
弱电井	4	27	27	54
弱电井	5	24	24	48
弱电井	6	24	24	48
弱电井	7	24	24	48
弱电井	8	24	24	48
弱电井	9	24	24	48
弱电井	10	24	24	48
总计		252	252	504

8.2.2　综合布线系统设计

1. 系统设计

①语音及数据的插座模块、水平线缆均选择超 5 类产品。

②面板采用双孔 86 墙上型面板。

③语音主干线缆选择 5 类大对数非屏蔽双绞线,并预留 50% 的余量。数据主干线缆选择 8 芯多模光纤,每个管理间配置 1 条,2 芯满足目前的应用,6 芯备用。

④管理间语音水平子系统配线架选择 110 型交叉连接配线架,数据水平子系统配线架选择超 5 类 24 口模块式配线架。语音垂直子系统配线架选择 110 型交叉连接配线架,数据垂直子系统采用 19 in 24 口光纤配线架。

⑤管理间及设备间的配线架均采用 19 in 24 口落地/壁挂机柜安装方式。

⑥语音总配线架采用交叉连接配线架(110 型配线架),连接来自各管理间的语音垂直干缆,并预留足够端子用于连接来自程控交换机配线架的语音线缆。数据总配线架采用 19 in 24 口光纤配线架,连接来自各管理间的垂直光纤,采用 42 U 19 in 落地式机柜安装。

2. 工作区子系统

本工程的工作区按照信息点进行划分,两个信息点为一个标准工作区,信息端口底盒均安装在离地面高 30 cm 处。

3.水平子系统

水平布线系统均采用星形拓扑结构,采用超五类非屏蔽双绞线,与其相应的跳线、信息插座模块和配线架等接插件也采用超 5 类产品,满足当前传输 100 Mbit/s 的要求和将来升级到 1 000 Mbit/s 的需要。

电缆用量计算:

$$A(平均长度) = (最短长度 + 最长长度) \times 0.55 + D$$

其中,D 是端接余量,常用数据是 6~15 m,根据工程实际取定。本设计中取 D 为 6 m。

$$水平电缆的箱数 = 信息点数 \times \frac{A(平均长度)}{305} + 1$$

本工程中最长线缆长度为 85 m,最短线缆长度为 15 m。

4.管理子系统

(1)管理子系统(如图 8.6 所示)和涉及的器材。本系统中包括:

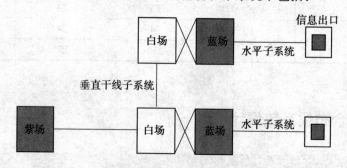

图 8.6　管理子系统

- 100 对 110 型交叉连接配线架支持语音传输。
- 超 5 类 24 口模块式配线架支持数据传输。
- 24 口机柜式光纤配线架支持数据传输。
- 语音跳线为卡接式跳线,用于管理间与设备间的语音点跳接。
- 高速数据跳线用于管理间和工作区数据点跳接,系统中暂不配置数据跳线。
- ST-SC 光纤跳线用于管理间与设备间连接垂直光纤和网络设备,系统中暂不配置。

(2)配线间(电信间)设计

- 楼层配线架(FD)安装在各楼层弱电竖井内的 19 in 机柜中,并尽量靠近进线口。
- GCS 色标标记方案系统、科学地规定了怎样根据参数和识别步骤查清交连场的线路和设备端接点。
- 配线间应尽量保持室内无尘土,通风良好,室内照明不低于 150 lx,应符合有关消防规范并配置有关消防系统。每个电源插座的容量不小于 300 W。

5.垂直干线子系统

(1)垂直干线子系统和涉及的器件

由垂直大对数铜缆或光缆组成。它的一端端接于设备机房的建筑特配线架上,另一端端接在楼层电信间的楼层配线架上。本设计中采用 Vcom 5 类 50 对 UTP 作为语音主干,采用 8 芯室内多模光缆作为数据主干,连接设备间 BD 和各楼层的 FD。

（2）干缆用量

每层垂直线缆长度(m) = (距 BD 的楼层数 × 层高 + 电缆井至 BD 距离 + 端接容限(光纤 10 m,双绞线 6 m)) × 每层需要根数

总垂直干线线缆长度等于各楼层垂直线缆长度之和。

（3）垂直线缆布线方式

采用电缆孔方法。

6.设备间子系统

（1）设备间子系统和涉及的器件

大楼的数据及语音的机房均设在 1 层总机房,包括:

- 100 对 110 型交叉连接配线架支持语音传输。
- 24 口 19 in 机柜式光纤配线架支持数据传输。

（2）设备间设计建议

- 配置了 1 个 42 U 机柜用于语音,1 个 42 U 机柜用于数据。
- 总配线架的安装位置应尽量靠近入线口。
- 设备间子系统是整个配线系统的中心单元,它的布放、选型及环境条件的考虑是否适当都直接影响将来信息系统的正常运行及维护和使用的灵活性。

 ### 8.2.3 主要工程量表和材料及施工费预算表

主要工程量表和材料及施工预算表见表8.5、表8.6。

表 8.5　主要工程量表

序　号	名　称	单　位	数　量	备　注
1	超 5 类模块端接	个	504	
2	布放 4 芯室内光缆	m	360	
3	布放 5 类 50 对室内大对数电缆	m	288	
4	布放室内超 5 类非屏蔽双绞线电缆	根	504	
5	光纤熔接	芯	144	
6	安装 100 对 110 型配线架(水平用)	个	12	
7	安装 100 对 110 型配线架(主干用)	个	9	
8	安装 24 口光缆配线架	个	11	
9	安装 24 口模块式配线架	个	14	
10	安装 12 U 壁挂式机柜(带 4 座排插)	个	9	
11	安装 42 U 壁挂式机柜(带 5 座排插)	个	2	

表 8.6　材料及施工费预算表

序 号	名　称	单 位	单 价	数 量	小 计	备 注
1	超 5 类信息模块	个		504		
2	双口面板	个		252		
3	底盒	个		252		
4	数据跳线	根		252		
5	语音跳线	根		252		
6	4 芯室内光缆	m		360		
7	5 类 50 对室内大对数电缆	m		288		
8	室内超 5 类非屏蔽双绞线电缆	箱		60		
9	ST 耦合器	个		144		
10	ST 多模光纤尾纤(1.5 m)	个		144		
11	100 对 110 型配线架(水平用)	个		12		
12	100 对 110 型配线架(主干用)	个		9		
13	24 口光缆配线架	个		11		
14	24 口模块式配线架	个		14		
15	理线环	个		36		
16	12 U 壁挂式机柜(带 4 座排插)	个		9		
17	42 U 壁挂式机柜(带 5 座排插)	个		2		
18	光纤熔接	芯		144		
19	辅材	批		1		
A	材料费小计					
B	施工费 = 材料费 ×10%					
C	税费 = (材料费 + 施工费) ×3.5%					
D	合计 = 材料费 + 施工费 + 税费					

8.2.4　工程图纸的设计

1. 系统图

工程系统图如图 8.7 所示。

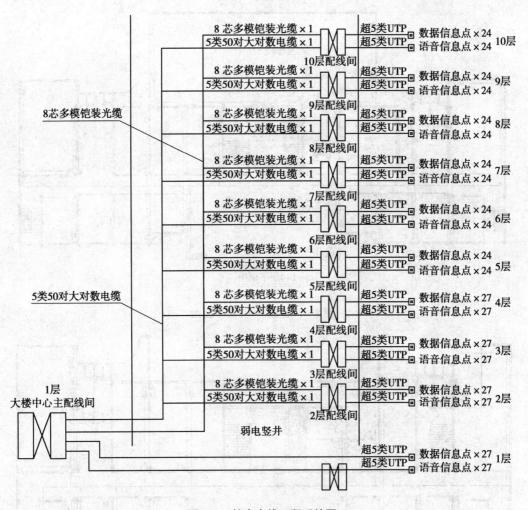

图 8.7   综合布线工程系统图

2.1—4 层平面图

1—4 层平面图如图 8.8 所示。

3.5—10 层平面图

5-10 层平面图如图 8.9 所示。

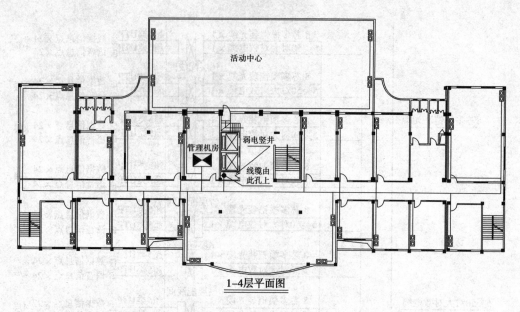

1-4层平面图

图 8.8　管线 1—4 层平面图

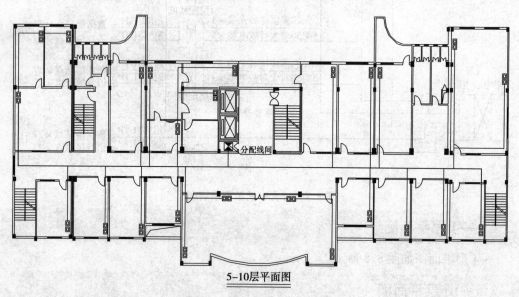

5-10层平面图

图 8.9　管线 5—10 层平面图

 8.2.5　项目的施工

1. 制定施工方案，编制施工进度表

施工进度表如表 8.7 所示。

表 8.7　政府办公大楼综合布线工程施工进度计划表

序号	任务名称	施工进度计划表															
		×××年××月											×××年××月				
		1	4	7	10	13	16	19	22	25	28	31	1	4	7	10	13	16
1	现场工作人员进场	■	■	■	■	■	■	■	■	■	■						
2	工地现场勘查	■	■	■	■												
3	结合图纸全阅	■	■	■													
4	材料采购	■	■	■	■	■	■										
5	设备采购、检测检验	■	■	■	■	■	■	■	■								
6	线缆敷设	■	■	■	■	■	■	■	■	■	■						
7	机柜安装						■	■	■	■	■						
8	工作区安装					■	■	■	■	■	■	■					
9	配线架安装、打接线缆、端口编号					■	■	■	■	■	■	■					
10	计算机网络系统安装及调试										■	■	■	■	■	■	
11	电话系统安装及调试										■	■	■	■	■	■	
12	系统调试												■	■	■	■	
13	竣工验收															■	■

2. 会审

制定好施工方案后，和用户（甲方）会审，经用户认可施工方案后，按照施工进度表来进行施工。具体施工方法见本书模块 5 综合布线工程施工技术。

3. 工程测试和验收

施工完成后，要进行工程的测试和验收，具体测试验收方法和过程见模块 7 综合布线工程测试与验收。

验收时需要准备竣工文档，竣工文档包含以下内容：

- 综合布线信息点统计表
- 综合布线系统结构图
- 综合布线管线路由图
- 综合布线机柜安装图
- 综合布线施工进度表
- 综合布线端口—信息点对应表
- 综合布线材料预算统计表
- 综合布线信息点测试报告

【小结】

本任务是一个典型的新建办公楼综合布线工程,通过本任务的学习,我们了解了典型办公大楼综合布线工程的设计及施工方法。

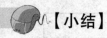

【习题】

根据自己学校的办公楼的实际情况,做一个综合布线工程设计,并完成相关工程图表。

模块 8　学习自评表

知识目标评价表

任　务	知识目标	了　解	理　解	掌　握
任务 1	校园网综合布线工程项目方案与施工			
任务 2	大厦综合布线工程项目方案			

能力目标评价表

能　力	未掌握	基本掌握	能应用	能熟练应用
综合布线工程需求分析				
综合布线工程系统设计				
综合布线工程预算统计				
综合布线工程施工组织				
综合布线工程系统图纸设计与绘制